Summer Time

暘光和煦 · 風光明媚的手作時節

再次迎來暖暖的夏日,四處都是風光明媚的好景色。來場充滿活力的小旅行,這個世界每處都有啟發與驚喜,能帶給你源源不絕的創作靈感。出發吧!在旅行中遇見更好的自己,將心靈充滿能量重新投入手作中,在屬於自己的小天地裡盡情揮灑創作,也能隨時保有陽光般的好心情,用熱情開朗的笑容,感染給更多人,一起發光發熱吧!

本期 Cotton Life 推出隨行包手作主題!邀請擅長車縫與創作的專家,發想出不同款式的貼身外出小包,讓你隨時逛街購物都輕巧方便。有拼接細緻,色彩素雅的不規則拼接斜背包、簡約流行的紅格紋旅行隨行包、多用途可固定在腳踏車上的小清新隨行三用包、顏色亮麗,吸引目光的任我行單肩背包,每款都能讓你輕鬆出門無負擔。

本期專題「自在風尚旅行包」,收錄不同造型與功能性的旅行包款,帶著自己做的手作包一起開拓更寬廣的視野。有上下隔層,收納方便的一個人的輕旅包、實用耐看的浪跡天涯後背包、色彩鮮明大方的環遊世界大容量旅行包、款式討喜,色彩柔和的撞色帆布輕旅包,每款各有特色,可選擇符合你外出遊玩的需求。

一年一度的父親節和七夕情人節,都是可以向男方表達情感的好日子,感謝他們無怨無悔的付出與辛勞,傳遞親手做的心意,最能直達心中。本次單元收錄質感有品味的紳士格調筆電包、色彩青春活潑的海洋風平板雙拉鍊收納包、顏色鮮明潮流的潑墨 iPad 手提包、別具設計感的時尚領帶＆紳士帽禮物組,多款男用手作禮,做給心目中最重要的他。

感謝您的支持與愛護
Cotton Life 編輯部
http://www.facebook.com/cottonlife.club/

Cotton Life
夏日手作系
2017 年 07 月
CONTENTS

刊頭特集 輕鬆外出隨行款

好評連載

旅遊專題

自在風尚旅行包

男用特企　傳遞心意手作禮

自薦專線

Cotton Life 長期徵求拼布老師、手作達人，竭誠歡迎各界高手來稿，將您經營的部落格或 FB，與我們一同分享，若有適合您的單元編輯就會來邀稿囉～

(02)2222-2260#13　cottonlife.service@gmail.com

國家圖書館出版品預行編目 (CIP) 資料

Cotton Life 玩布生活 . No.25：自在風尚旅行包 x 輕鬆外出隨行款 x 傳遞心意手作禮 / Cotton Life 編輯部編 . -- 初版 . -- 新北市：飛天手作 , 2017.07
面；　公分 . -- (玩布生活；25)
ISBN 978-986-94442-1-7(平裝)
1. 手工藝
426.7　　　　　　　　　　106009627

Cotton Life 玩布生活 No.25

編　者 / Cotton Life 編輯部
總 編 輯 / 彭文富
主　編 / 張維文、潘人鳳、曾瓊儀
美術設計 / 柚子貓、林巧佳、曾瓊慧、April
攝　影 / 詹建華、蕭維剛、林宗億、Jack
紙型繪圖 / 菩薩蠻數位文化

出 版 者 / 飛天手作興業有限公司
地　址 / 新北市中和區中山路 2 段 391-6 號 4 樓
電　話 / (02)2222-2260．傳真 / (02)2222-2261
廣告專線 / (02)22227270．分機 12 邱小姐
部 落 格 / http://cottonlife.pixnet.net/blog
Facebook / https://www.facebook.com/cottonlife.club
讀者服務 E-mail / cottonlife.service@gmail.com

■ 總經銷 / 時報文化出版企業股份有限公司
■ 倉　庫 / 桃園縣龜山鄉萬壽路二段 351 號

初版／ 2017 年 07 月
本書如有缺頁、破損、裝訂錯誤，請寄回本公司更換
ISBN ／ 978-986-94442-1-7
定價／ 280 元
PRINTED IN TAIWAN

封面攝影／詹建華
作品／Kanmie

桃花源小魚簍肩背包

特殊的立體袋蓋造型，加上細緻的滾邊，兩色的運用，勾勒出清晰的包款線條，
多了包邊的動作，包款就有不同的視覺感受，學會後創作出更多與眾不同的作品吧！

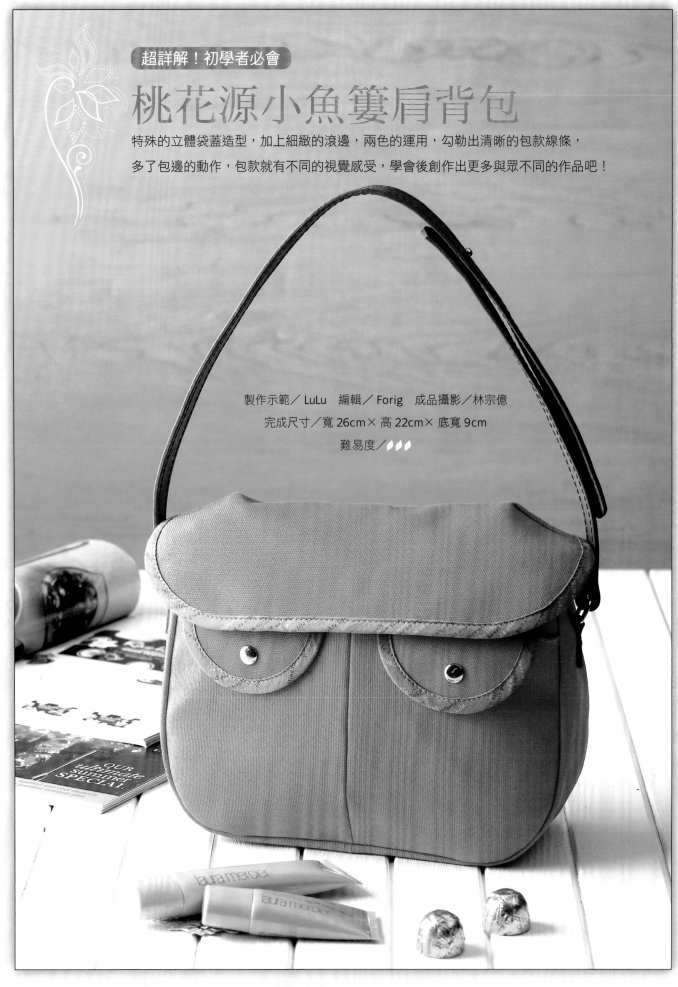

製作示範／LuLu　編輯／Forig　成品攝影／林宗億
完成尺寸／寬 26cm× 高 22cm× 底寬 9cm
難易度／✦✦✦

Materials 紙型 Ⓐ 面

【以下為裁布示意圖，均以幅寬 110cm 布料作示範排列】

裁布：
表布
前表布	紙型	1 片
後表布	紙型	1 片
側身表布	紙型	2 片
前口袋布	紙型	1 片

（上邊不留縫份，取帆布布邊作為口袋的袋口）
前口袋袋蓋布	紙型	4 片

（表 2 片，需於上邊再加 1cm；裡 2 片，不加縫份）
本體袋蓋	紙型	2 片（不加縫份）
滾邊布		裁剪寬 4cm 斜布條，並接縫成足夠長度

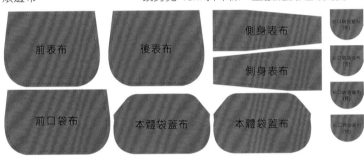

裡布
前裡布	紙型	1 片（燙厚布襯）
後裡布	紙型	1 片（燙厚布襯）
側邊裡布	紙型	2 片（燙厚布襯）

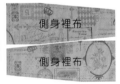

其他配件：撞釘磁釦3組、掛耳皮片2組、奶嘴釘提把1組、厚布襯。

※ 以上紙型未含縫份、數字尺寸已含縫份。除特別指定外，縫份均為 1cm。

Profile LuLu

累積十餘年的拼布創作經歷，結合擅長的彩繪繪畫，並運用豐富熟稔的電腦繪圖技術將拼布 e 化，與圖案設計、平面配色和立體作品模擬，交互運用，頗受好評！LuLu 說：「基本技巧要學得紮實，廣泛閱讀書籍以汲取新知和創意，探索不同領域的技術予以結合應用，還有透過作品說故事，賦予每一件作品豐富的生活感與新鮮的生命力。投注正向情感的作品，會自然散發出耐人尋味的意境，與獨樹一幟的魅力喔！」

LuLu 彩繪拼布巴比倫
Blog：http://blog.xuite.net/luluquilt/1
Facebook：https://www.facebook.com/LuLuQuiltStudio

How To Make

一、滾邊斜布條製作

| 取 45 度角裁剪斜布條,所需寬度為 4cm。斜布條長度不夠時需要接合。

2 在布條頭尾端入 0.7cm 分別畫一道完成記號線。

3 取二段斜布條,正面相對,使記號線對齊。

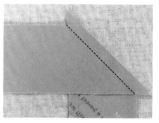

4 車縫固定。兩端交疊狀態如圖所示。

5 車縫好後縫份攤開燙平。

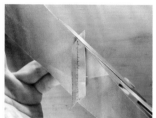

6 剪掉縫份餘角的布料。

7 將所裁剪的斜布條接縫至所需長度後,準備 18mm 紅色滾邊器,將斜布條穿入滾邊器內。

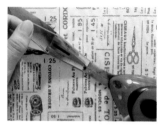

8 滾邊器一邊往後拉,熨斗一邊折燙斜布條。以上,完成滾邊條備用。

二、本體袋蓋製作

| 車縫袋蓋夾角。

2 兩側夾角車縫完成。夾角縫份倒向上的作為本體袋蓋表。

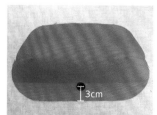

3 同法,另一片車縫夾角,但夾角縫份倒向下,這片作為袋蓋裡。下邊入 3cm 中央位置裝上撞釘磁釦的公釦。

4 將二片反面相對對齊,周圍粗縫固定。

5 夾角縫份倒向是錯開的狀態。

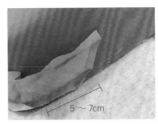

6 接下來車縫滾邊。從袋蓋裡那一面先車縫上滾邊條。起縫點距滾邊條端入 5～7cm 左右開始。

7 車縫一圈至距滾邊條起頭這一端約 5～7cm 左右即回針停止。

8 將滾邊條交接，標記出滾邊條結尾這一端的完成點。

9 畫出 45 度完成線。

10 完成線外留 0.7cm 縫份，其餘的修剪掉。

11 滾邊條頭尾接縫。

12 接續車縫固定滾邊條。

13 翻至另一面（袋蓋表那一面），先用長尾夾將一整圈滾邊條折好夾好。

14 在滾邊條上車縫臨邊線一圈固定。

15 完成本體袋蓋。

◆ 三、前口袋袋蓋製作

1 取袋蓋布表裡各一片，反面相對，U 形邊對齊粗縫固定。

2 將 U 形邊以寬 4cm 斜布條滾邊。

3 共需完成二組前口袋袋蓋。

四、前口袋和前表布製作

1 前口袋布和前表布下邊置中對齊，在中央車縫一道直線。

2 口袋布如圖對折。

3 在剛才車縫的中線旁1.5cm處，車縫一道直線。

4 口袋已分隔成兩格；口袋布U形邊粗縫固定。

5 將標題步驟（三）完成的袋蓋正面朝下，車縫於前表布適當位置。注意與分格口袋置中對齊。

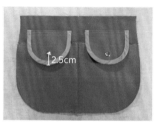

6 袋蓋往下翻，上邊車縫二道壓線。

7 同法，車縫另一組袋蓋。於袋蓋下緣入2.5cm中央處裝置撞釘磁釦的公釦。

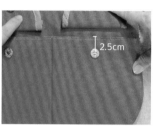

8 於對應的口袋位置裝上撞釘磁釦的母釦，約口袋上緣入2.5cm處。

五、側身表布製作

1 側身表布二片正面相對縫合。

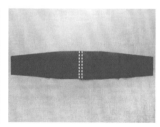

2 縫份攤開並在正面壓車，成為側身表布一整片。

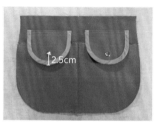

3 於兩端適當位置固定掛耳皮片。（掛耳皮下緣距側身表布端約8.5cm）

六、表袋身的組合

1 將標題步驟（四）完成的前表布與側身表布正面相對縫合U形邊。

2 側身表布另一邊再與後表布U形邊正面相對縫合。

3 翻回正面，上邊縫份往裡折入1cm。

七、裡袋身的製作

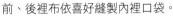

前、後裡布依喜好縫製內裡口袋。

2 作法同標題步驟（五），接合成側身裡布一整片。

作法同標題步驟（六），完成裡袋身。

八、全體組合

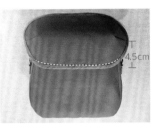

於前表布上邊折痕入 4cm 中央位置裝置撞釘磁釦的母釦。

2 袋蓋車縫固定於後表布適當位置，即袋蓋邊靠齊後表布上邊折痕入 4.5cm 處。

3 裡袋身上邊縫份亦往下折入 1cm。裡袋套入表袋（背面相對），上邊折痕對齊，壓車臨邊線一整圈。

4 掛耳皮片釘上提把，可調整肩背或手提長度。完成囉！

LuLu 的好書推薦

職人手作包：機縫必學的每日實用包款

本書特色

職人設計獨特包款：精心琢磨、反覆模擬的自信版型，變成別緻實用的好搭包款。

實拍搭配繪圖並行：踏實的裁布示意圖，清楚的去背景圖片，詳盡的記號標示，好學易懂！

星座幸運配色提案：星座幸運色的貼心配色建議，希望讀者一同享受大玩布料配置的樂趣。

清楚獨立原寸紙型：四面原寸大紙型降低重疊、分散排列，更好找、更易描，不眼花撩亂。

夏日悠游包

像水紋有深有淺的藍色手染布,加上自由曲線的壓縫,完美呈現泳池沁涼的效果,
再運用立體貼布縫做出英文字、人、游泳圈等夏日意象。
不論放手機或防曬乳等,都很恰當的尺寸,帶著它,讓你的夏天熱情又亮麗。

製作示範/元喆瑾　編輯/ Joe　成品攝影/詹建華

完成尺寸/寬 24cm× 高 16cm× 底寬 0.7 cm

難易度/

Season
季節感單元

Profile

元喆瑾

資歷：
(拼布) 日本手藝普及協會指導員、日本通信社講師
(彩繪) 仁保喜惠子童話彩繪講師、澳洲拼貼講師
(緞帶繡) 小倉幸子緞帶刺繡指導員

2007 年 著有《鄉村娃娃的甜蜜生活》（教育之友文化）
2009 年 上海世界手工藝術展參展
2011 年 著有《愛拼才會贏》（教育之友文化）
2012 年 日本東京巨蛋國際拼布競賽 - 額繪類入選

現任：
小雅手作工坊 拼布 / 鄉村娃娃 / 緞帶繡 / 拼貼 / 水晶飾品
老師
台 北 美 國 學 校 (TAS) TYPA(TAIPEI YOUTH PROGRAM
ASSOCIATION)
DECORATIVE ART/FUN WITH SEWING/RESIN JEWELRY
WORKSHOP 老師

小雅拼布彩繪手作工坊
臺北市士林區福國路 50 巷 2 弄 1 號 1 樓
(02)2834-2532
部落格：https://sewinghouse-ya.blogspot.tw/
facebook：https://www.facebook.com/SewingHouse.Ya/

Materials   紙型 D 面

表布	25×17cm	2 片
內裡布	25×17cm	2 片

其他配件：
拉鍊一條、鋪棉一片。

※ 依紙型外加縫份 0.7cm。

09 先將游泳圈內圍隱藏縫，再進行外圍隱藏縫。

05 按照步驟進行貼布縫。

01 將表布裁切好，留約 0.7cm 縫份剪下。

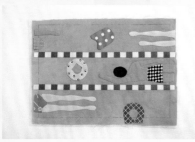

10 表布完成後，進行鋪棉（雙面膠棉）。

06 所有內凹的曲線部分都需剪牙口。

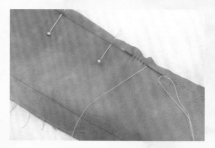

02 正面對正面以平針縫組合。

11 將內裡布與表布正面對正面，三層留返口縫合。

07 進行貼布隱藏縫。

03 表布拼接完成，將縫份倒向紅白條紋布料熨燙。

12 縫合完成後，將實線外多餘的鋪棉剪掉。

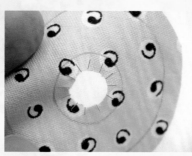

08 游泳圈圖案內圍一圈需剪牙口。

04 進行人物的貼布，以消失筆將實線畫在布的正面，留約 0.3~0.5cm 縫份珠針固定。

21　拉鍊下方以千鳥縫固定。

17　另一面表布重複以上步驟，縫製完畢。

13　翻至正面，將返口以隱藏縫縫合。

22　完成。

18　將正片與背片正面對正面，將左右以及下方三邊進行捲針縫。

14　開始壓線，所有表面圖案周圍都需進行落針壓線。

19　縫好後翻至正面。

15　落針壓線完畢後，開始壓自由曲線製造水波紋效果。

20　在開口處縫上拉鍊。

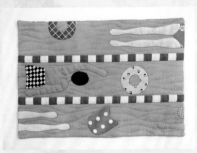

16　表布壓線完畢。

一片西瓜斜背包

輕巧可愛的圓弧袋身，是不論斜背、肩背及手拿皆適宜的恰當尺寸。明朗渲染開
的紅綠色彩結合立體細節的黑色刺繡，彷彿隨身自備了陣陣的沁涼氣息。

示範、文／菲菲小舍　編輯／Vivi　攝影／詹建華　Model ／林庭羽

完成尺寸／高 18cm× 寬 25cm× 厚 6cm

難易度／●●

鍾少菲 Feifei

https://www.facebook.com/feifeistudio
https://feifeihandmadeliving.shoplineapp.com

Materials 　　　　　紙型 D 面

裁布：

表布 A-11 號帆布（綠）

A1 袋身	依紙型	1 片
A2 拉鍊布	依紙型	2 片
A3 袋身貼邊	依紙型	2 片
A4 側身貼邊	依紙型	2 片
A5 吊耳布	6cm×7.5cm	2 片
A6 袋底	依紙型	1 片
A7 外口袋拉鍊小擋布	2.5cm×5cm	2 片

表布 B-11 號帆布（白色上色）

B1 袋身	依紙型	1 片
B2 拉鍊布	依紙型	2 片

裡布 C- 條紋

C1 內袋身	依紙型	2 片
C2 內口袋	依紙型	1 片
C3 袋底	依紙型	1 片
C4 一字拉鍊擋布	依紙型	1 片

配色布（紅底白點）

D1 拉鍊口袋布	20cm×25cm	1 片
D2 拉鍊擋布	依紙型	2 片

其他配件：

普通拉鍊 17cm×1 條（綠）、塑鋼拉鍊 25cm×1 條（紅）、2cmD 型環 ×2 個、可調式現成織帶 ×1 組

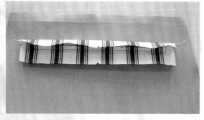

07　翻回 A1 正面將 C4 擋布四邊向內整燙。

08　將 C4 擋布從剪開的 Y 字型洞口塞進去，翻至另一面。

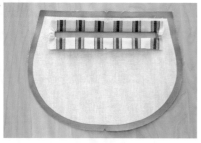

09　C4 翻至背面後熨斗整燙。

10　步驟 4 準備好的拉鍊正面兩邊貼上水溶雙面膠。

11　將拉鍊置中黏於方框中。

製作一字拉鍊口袋

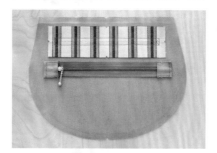

04　表布 A1 燙中挺襯，擋布 C4 與表布 A1 置中，正面相對於開拉鍊處，畫一個方框高度 1cm，長度比拉鍊寬 1cm，取中心點於兩端畫 Y 字型。
另取拉鍊小擋布 A7 長邊兩側縫份留 0.5cm 內折後再對折，置擋布於拉鍊頭尾，以方框寬度為基準，向中心內推各 0.5cm，於擋布內側壓線 0.1cm，外側假縫固定。

05　C4 與 A1 正面相對，兩片布一起沿方框車縫一圈，將剛剛畫的 Y 字型剪開，盡量剪到底，但不能剪到線。

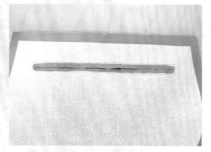

06　先翻至 A1 的背面將方框內的中挺襯盡量沿框內修掉，因為襯比較硬，修掉會比較容易製作，另外 C4 的擋布也可選擇較薄的棉布會更好操作。

表布上色

01　將表布 B1 及 B2 上色。先在布上塗一層薄薄的水，趁布料微濕時，將調勻的顏料塗上，就會有水彩渲染的效果，不夠深的地方再重複多疊幾次，西瓜皮可以加寬，以免外圍 1cm 縫份完成後會看不見。顏料乾了之後顏色會變淺，上色時可以塗得深一點。繪布顏料請先用水調勻再上色，若直接塗上顏料會太濃稠，且整燙遇熱時會融化。此次使用的是 FAER-CASTELL 畫布彩繪顏料，即使下水清洗也不易褪色，但還是建議獨立洗滌。

刺繡加燙襯

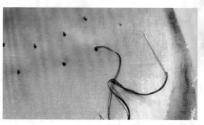

02　待布料乾後，於背面用熨斗整燙增加顏色附著力。將西瓜子的位置用消失筆先畫上，用 3 股繡線繡出西瓜子。

03　繡好西瓜子後，背面燙上中挺襯備用。

21　袋底 A6 燙中挺襯，並將上一個步驟的吊耳假縫固定於兩側中心。

組合表袋身

22　將 A6 與 B1 接合，轉彎弧度處可以打斜角牙口，距離完成線 0.3cm，每個牙口間隔 0.5-0.7cm。

23　翻至正面後縫份倒向袋底，臨邊壓車 0.1cm。

24　另一邊 A1 也用同樣做法與袋底 A6 接合。

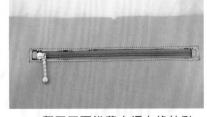

17　翻至正面沿著方框上緣外側，壓車 0.1cm ⊓字型。

18　避開表布 A1，只車縫對折的 D1 口袋布，沿邊 0.5cm 車一個 U 字型。

19　翻至正面，一字拉鍊口袋完成備用。

製作表袋底

20　吊耳布 A5 三折不收邊，兩側 0.1cm 臨邊壓車，中心也壓車一條直線，裝上 D 型環後外側假縫固定。

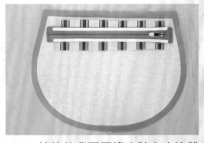

12　拉鍊的背面兩邊也貼上水溶雙面膠。

13　D1 口袋布向內折燙 1cm。

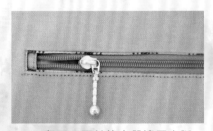

14　將口袋布縫份貼於拉鍊下方。

15　翻至正面並換上單邊壓布腳，於方框外下方壓車 0.1cm 直線。

16　翻至背面將 D1 口袋布往上對折至拉鍊邊。

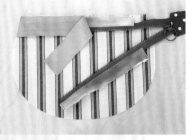

33 表布 A3 長邊與裡布 C1 上緣正面相對，中間夾車步驟 30 完成的拉鍊。

34 翻至正面後縫份往裡布 C1 倒，並臨邊 0.1cm 壓車直線。

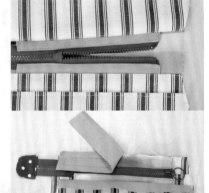

35 另一邊也同樣做法。

制作裡袋底

36 裡布 C3 兩端與表布 A4 長邊正面相對，車縫接合，翻至正面於 A4 邊緣壓車直線。

29 B2 與 A2 正面相對夾住拉鍊三層一起，依圖紅線車縫接合，轉角處縫份修剪至剩 0.3cm。

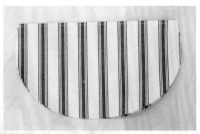

30 拉鍊尾端的縫份也修掉向內折，翻至正面整燙並臨邊壓車 0.1cm ㄇ字型。

製 作 裡 袋 身
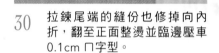

31 C2 背面相對熨斗燙平，上方壓車 0.5cm 直線。

32 C2 與 C1 相疊，中心車直線分隔內口袋，離邊 0.7cm 假縫壓車固定。

25 A1 與 A6 接合後，縫份一樣倒向袋底後臨邊 0.1cm 壓車，表袋完成翻至正面。

製 作 拉 鍊 口 布

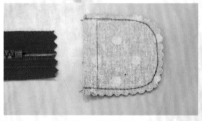

26 D2 拉鍊尾端擋布 2 片正面相對，車一個 U 型後縫份修剪至剩 0.3cm 並剪牙口。

27 翻正面後將縫份折燙進去，置於拉鍊尾端，臨邊壓車一圈 0.1cm。

28 拉鍊頭頂端向內折 45 度壓車固定。

組合裡袋身

40　翻至正面後熨斗整燙，將返口藏針縫收口。

42　完成。

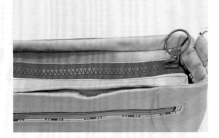

37　將步驟 35 及步驟 36 接合，弧度的地方距離完成線 0.3cm處打牙口，牙口間距約 0.5-0.7cm。

38　翻至正面縫份朝袋底，臨邊 0.1cm 壓車，另一邊也同樣方法製作。

組合表裡袋身

41　袋口整燙後，臨邊 0.1cm 壓車一圈，將背帶裝上。

39　表袋與裡袋正面相對，袋口依完成線車縫一圈，留一個返口寬度約 12cm，可將裡袋的縫份修剪至剩 0.3cm。

Flower x Ribbit x Love

愛玩耍的兔子

還有兩色
可以選擇喔~

少見的針筆手繪風，充滿了細膩插畫質感，花朵的細緻和兔子的毛絨感，藉由筆觸表達得淋漓盡致，飽和的素色底讓兔子更加生動，做成包款像是帶著萌寵一般，令人驚喜，如此氣質的印花，你怎能錯過！

示範作品
印花輕便包

CF550585(3尺7寬)

客服專線 0800-067-898

購物網：www.sing-way.com.tw

鑫韋布莊

Find us on
Facebook

刊頭特集

輕鬆外出隨行款

精心設計又好看的輕巧隨身包，
讓你出門逛街好方便。

小清新・隨行三用包

輕巧方便的三用隨行包，
能當手提、斜背、單車包，多變化用法。
平日午餐外出、假日小旅行或購物逛街，
隨性悠遊，行動自在俐落。

製作示範／Kanmie　編輯／Forig　成品攝影／詹建華
完成尺寸／寬 22cm× 高 13cm× 底寬 7.5cm
難易度／✽✽✽✽

Materials

紙型A面

用布量：8號帆布2尺、日本防水布1尺、POLY300D尼龍裡布2尺。

※燙襯未註明＝不燙襯。數字尺寸已含縫份；紙型未含縫份。

縫份未註明＝0.7cm。

	部位名稱	尺寸	數量	備註
表袋身	• 袋身前/後片	紙型A	2	
	• 前口袋	紙型B	1	
	• 卡層前片	①↔20cm×↕7cm	1	帆布
	• 卡層中片	②↔20cm×↕31.5cm	裡1	
	• 卡層後片	③↔20cm×↕9cm	1	帆布
	• 後口袋	表：紙型C1	1	防水布
		裡：紙型C2	1	帆布
	• 拉鍊口布	④↔4.5cm×↕26cm	表2裡2	
	• 袋底	⑤↔9cm×↕43cm	表1裡1	
	• 袋蓋	上片：紙型D1	1	帆布
		下片：紙型D2	1	防水布
		裡：紙型D	1	D=D1+D2
裡袋身	• 吊耳布	⑥↔4cm×↕5cm	2	
	• 單車扣環布	⑦↔5cm×↕23cm	2	
	• 袋身前/後片	紙型A	2	
	• 拉鍊口袋	⑧↔20cm×↕24cm	1	
	• 貼式口袋	紙型E	1	
	• 鑰匙掛繩布	⑨↔4cm×↕24cm	1	
	• 包邊條	⑩4cm×70cm(斜布紋)	2	

其它配件：

5號尼龍碼裝拉鍊：28cm×1（拉鍊頭×1）、3號尼龍碼裝拉鍊：20cm×1（拉鍊頭×1）、19mm無限長皮條：130cm×1，42cm×1、19mm束尾夾×4、2cm D型環×2、2cm日型環×1、2cm龍蝦鉤×4、2.5cm口型環×2、13mm龍蝦鉤×1、2.5cm寬包邊條：21cm×1，70cm×2，3.5cm寬包邊條52cm×1，24cm×1、3mm塑膠繩：18cm×1，70cm×2、14mm雙面撞釘磁釦1組、2cm寬魔鬼氈10cm×2組、真皮皮標×1、拉鍊皮片（0.8cm×12cm）×1、鉚釘：8-10mm×5組，4-5 mm×4組。

Profile

Kanmie 張芫珍

從小對手作充滿熱忱，喜歡嘗試不同手作領域。2008年起開始沉迷於拼布世界，不同的手作素材，有著無限組合方式，巧妙的構思與創作，創造獨一無二幸福感！透過本身對手作的熱愛，客製商品及手作教學。喜歡自己正在做的事，做自己喜歡做的事，與您分享生命中的感動！

• 2013年12月
自由時報週末生活版 · 耶誕布置搖滾風

• 2014年1月
自由時報週末生活版 · 新年月曆DIY童趣布作款

• 2015年
與吳珮琳合著《城市悠遊行動後背包》一書

發現幸福的秘密。。。。
http://blog.xuite.net/kanmie/kanmiechang

轉角遇見幸福 Kanmie Handmade
https://www.facebook.com/kanmie.handmade

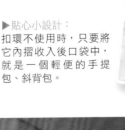

▶貼心小設計：
扣環不使用時，只要將它內摺收入後口袋中，就是一個輕便的手提包、斜背包。

▲假日單車行，只要將扣環布扣在單車龍頭橫桿上，拿取物品 so easy。拆卸方便，隨行自如。

◀卡片鈔票層設計，讓隨身包也是錢包，一包就搞定。前側卡片層，悠遊卡片感應好方便，內袋另有貼心鑰匙扣環。

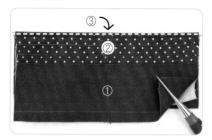

9 將③依 8cm 摺線記號向後翻摺，於②沿邊壓線 0.2cm 固定。

10 卡片層置中放置表袋身前片 A 圖示位置，將上層掀起，於底層③車壓 0.5cm 固定。

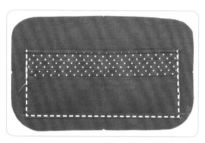

11 放下卡片層，下方縫份依摺線記號內摺，沿邊車壓 0.2cm、兩側同樣車壓 0.2cm 固定。

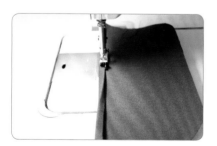

12 前口袋 B 袋口縫份先往外摺，再摺入包住毛邊，沿邊壓線 0.2cm。

5 將另一側縫份內摺再往後翻摺蓋住車線，從正面沿邊壓線 0.2cm，將袋蓋縫份包邊。並於圖示位置安裝磁釦公釦。

製作卡片層

6 將卡片層前片①、後片③分別與中片②兩側正面相對車縫。

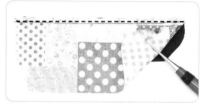

7 依圖示位置分別將記號處，抓起車壓 0.2cm 摺線。

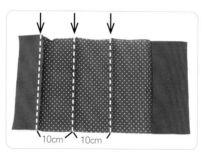

8 將③掀起，②依山谷摺法每層間隔 1cm，並於中間車壓分隔線固定，兩側局部疏縫。再依圖示位置 1cm 及 8cm 處畫出摺線記號。

製作袋蓋

1 將 2.5cm 寬包邊條 21cm，對摺夾入塑膠繩疏縫固定。再依圖示頭尾兩端縫份摺入，疏縫於袋蓋上片 D1。

2 袋蓋上片 D1 再與袋蓋下片 D2，正面相對車合。

3 縫份倒向 D1，翻正壓線 0.2cm 固定。於圖示位置釘上皮標，再與袋蓋裡 D 背面相對疏縫一圈。

4 取 3.5cm 寬包邊條 52cm，與袋蓋正面相對，沿邊車縫固定，轉彎處要剪牙口。

24

HOW TO MAKE

20 將後口袋覆蓋於步驟 18 表袋身後片 A，下方齊邊，疏縫口袋。

製作袋身前片

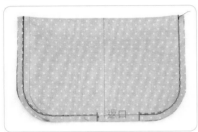

21 貼式口袋 E 於長邊處正面相對對摺，車縫 U 字型，下方留 7cm 返口不車，並用鋸齒剪修剪縫份。

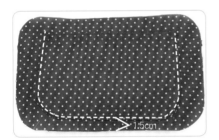

22 翻回正面，將返口縫份內摺，於袋口車壓 0.2cm 及 1cm 裝飾線。再將口袋沿邊車壓 U 字型固定於裡袋身前片 A。

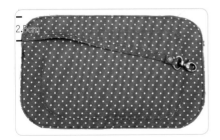

23 鑰匙掛繩布⑨兩側往中間摺再對摺，沿邊壓線 0.2cm。尾端套入 13mm 龍蝦鉤用鉚釘固定後，疏縫於圖示位置。

---

16 將扣環布套入口型環後下摺 3cm，車縫固定於表袋身後片 A 圖示位置。

17 取 3.5cm 寬包邊條 24cm，依圖示將縫份線對齊 2.5cm 的記號線，並車縫固定。

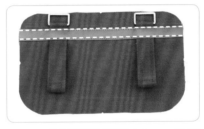

18 往下翻正壓線 0.2cm，並將另一側縫份往內摺好，車壓 0.2cm 固定。

製作後口袋

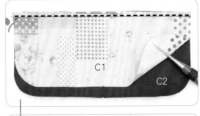

C1 C2

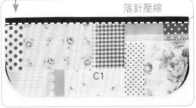

落針壓線

C1

19 後口袋表布 C1、裡布 C2 正面相對車合。將 C2 往後翻摺，縫份倒向 C2，並將表、裡下方齊邊，於 C1 上落針壓線。

2.5cm   2.5cm

13 將口袋 B 覆蓋於步驟 11 表袋身前片，下方齊邊，分別於兩側 2.5cm 處車縫固定。

Kanmie

14 再將步驟 5 袋蓋置中疏縫於表袋身前片 A 上方。

製作單車扣環布

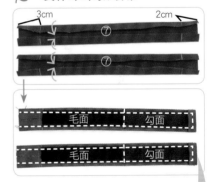

3cm   ⑦   2cm
⑦
毛面   勾面
毛面   勾面

15 單車扣環布⑦兩側往中摺，依序放上魔鬼氈毛面 10cm 及勾面 8.5cm，中間需重疊。將右邊尾端縫份內摺再摺入，蓋入魔鬼氈邊緣，再沿邊車壓 0.5cm，並於中間重疊處車縫固定。

31 將拉鍊裝上拉鍊頭，釘上拉鍊皮片。取吊耳布⑥兩側往中間摺，沿邊壓線 0.2cm。再套入 D 型環，對摺車縫固定於拉鍊口布兩端。

32 取袋底⑤表、裡布正面相對，夾車拉鍊口布一端。

33 翻回正面，縫份倒向袋底，壓線 0.2cm。

34 同作法夾車口布另一端，翻回正面壓線，並將表裡兩側邊對齊疏縫一圈固定，完成側袋身。

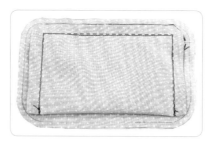

27 翻到背面，將拉鍊口袋布上摺，車縫口袋布三邊，完成一字拉鍊口袋。

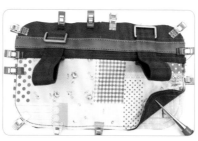

28 再與步驟 20 表袋身後片 A 背面相對，疏縫一圈。

製作拉鍊口布

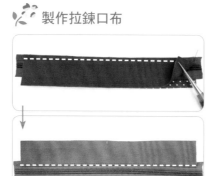

29 拉鍊口布④表、裡布正面相對，夾車 28cm 碼裝拉鍊。翻回正面壓線 0.2cm。

30 同作法，將另一口布④表、裡布正面相對，夾車拉鍊另一側，並翻回正面壓線。

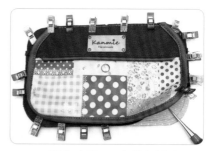

24 再與步驟 14 表袋身前片 A，背面相對疏縫一圈。

製作袋身後片

剪Y字

⑧

25 拉鍊口袋布⑧與裡袋身後片 A 正面相對，於圖示位置車縫 15cm×1cm 一字拉鍊框，並將中間剪 Y 字開口。

26 將口袋布翻出，翻回正面。20cm 碼裝拉鍊裝上拉鍊頭後放置下方，沿框車壓 0.2cm 固定拉鍊。

HOW TO MAKE

41 將袋身翻回正面,掀開袋蓋,於圖示位置安裝磁釦母釦。

製作短提把與斜背帶

42 取皮條 42cm,兩端分別夾上束尾夾、套入龍蝦鉤後用鉚釘固定。

43 取皮條 130cm,尾端夾上束尾夾、套入日型環用鉚釘固定後,再依圖示穿入龍蝦鉤及日型環,用鉚釘固定。

完成!

38 取包邊條⑩前端先內摺 1cm,再與袋身正面相對,沿邊車縫一圈固定,尾端處重疊約 1.5cm。

39 將包邊條另一邊縫份內摺再向後翻摺,將縫份包起,沿邊車壓 0.1cm 固定。

40 同作法將側袋身另一邊與袋身後片正面相對,車縫一圈固定,再將縫份包邊車縫。

製作包繩

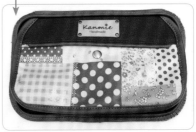

35 取 2.5cm 寬包邊條 70cm 對摺夾入塑膠繩疏縫,再沿邊疏縫於袋身前片一圈。

注意:轉彎處要剪牙口,包邊條尾端需重疊 1.5cm,剪掉多餘塑膠管後再車合。

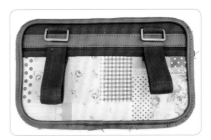

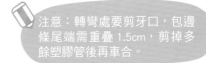

36 同作法,將包繩車縫於袋身後片一圈。

組合袋身

37 將步驟 34 側袋身與袋身前片正面相對,四個中心點對應好,車縫一圈固定。

任我行・單肩背包

只想帶著必要物品出門時的最佳款式，
細節收納的設計處處貼心。後背、前背都好用，
薄型袋身順著身形貼合，更顯出俐落可愛。

示範、文／李依宸　編輯／Vivi　攝影／詹建華　Model／林庭羽　完成尺寸／高 40cm× 寬 30cm　難易度／＊＊＊

 Profile

 Materials

紙型B面

用布量：肯尼防潑水布2尺、日本尼龍防水布（薄）1尺、胚布35×45cm 一片。

裁布：（紙型及數字尺寸皆已含0.7cm縫份）

部位名稱	尺寸	數量
• 前袋身A/B	依紙型	2片
• 上側拉鍊口布	依紙型	2片
• 下側身	依紙型	1片
• 側身	依紙型	2片（左右各1片）
• 側身裡布	依紙型	1片
• 表前上片	依紙型	1片
• 表袋身後片	依紙型	1片
• 側口袋A/B	依紙型	2片
• 口袋布	13×16cm	1片
• 吊環布	8×9.5cm	1片

表布－肯尼布

部位名稱	尺寸	數量
• 前口袋上片	依紙型	1片
• 前口袋下片	依紙型	2片
• 裡袋身	依紙型	1片
• 口袋自由設計	自訂	自訂

配色布－尼龍防水布

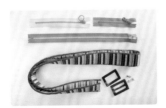

其它配件：

30cm拉鍊一條、15cm拉鍊一條、
10cm拉鍊一條、$1\frac{1}{2}$吋織帶4尺、
$1\frac{1}{2}$吋日型環/口型環各一個、皮標
一片、8×8鉚釘2組

 李依宸

台南女子技術學院 服裝設計系畢
日本手藝普及協會 手縫講師
臺灣喜佳專業機縫師資班第一屆機縫講師
曾任臺灣喜佳北區才藝中心主任、經銷業務副理。
服裝設計打版師經歷 5 年、拼布教學經驗 20 年。
2008 年成立「一個小袋子工作室」至今。

• 著有：《玩包主義：時尚魔法 Fun 手作》

一個小袋子工作室

北市基隆路二段 77 號 4 樓之 6
02-27322636
Facebook 搜尋：「一個小袋子工作室」

7 翻回正面,再壓拉鍊臨邊線。
返口以藏針縫縫合。

4 前口袋下片2片正面相對,夾
車另一側拉鍊。

1 於前口袋上片反摺位置壓線。

8 將前口袋上片兩側的縫份摺好,
先疏縫。

5 車縫前口袋上、下片的拉褶位
置共六處。

2 攤開反摺布片,與拉鍊正面相
對車縫固定一側。

9 將前口袋先疏縫在前袋身A上,
再壓臨邊線0.2cm。

6 前口袋下片正面相對留返口車
縫一圈。(注意上方縫份倒向)

3 再反摺回原位,並於對折處向
上2cm壓線。

HOW TO MAKE

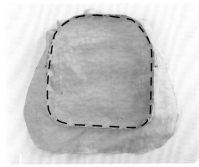

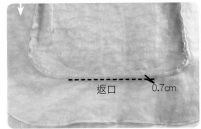

返口　　0.7cm

15 再與前袋身 A 正面相對，疏縫 0.5cm 一圈，下端補一段 0.7cm 車縫線約 10cm。

16 前袋身 A 與前袋身 B 正面相對，留返口車縫一圈，轉彎處剪牙口。

返口

12 側身裡布與側身表布正面相對，夾車拉鍊口布兩端。

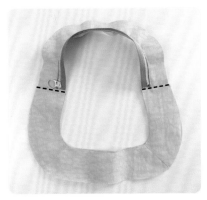

13 翻回正面，壓線。

14 內外圈各別疏縫固定。

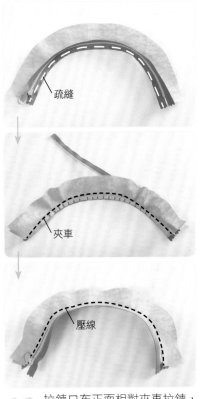

疏縫

夾車

壓線

10 拉鍊口布正面相對夾車拉鍊，縫份弧度處剪牙口，翻回正面，壓臨邊線。

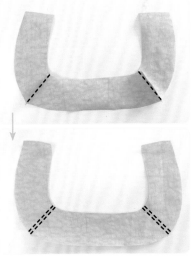

11 下側身 1 片與左右側身先組合成側身表布後，正面壓線。

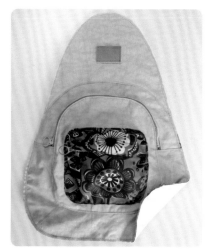

22 依前片輪廓剪掉多餘的胚布，
再縫上皮標。

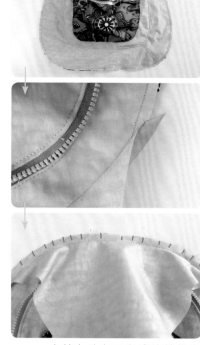

20 表前上片與已完成的前袋身
正面相對組合，注意兩端布
邊不齊邊，縫份剪牙口。

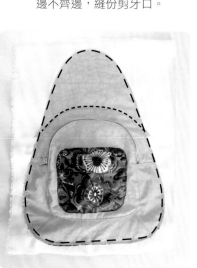

21 將胚布放在已完成的前片後
面，疏縫固定。前上片壓裝飾
線 0.2cm。

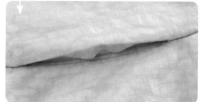

17 翻回正面後，藏針縫縫合返
口。

18 前袋身車縫裝飾線 0.2cm。

19 將已完成的前袋身（背）與裡
袋身（正）相對，疏縫一圈（裡
袋身口袋可先行設計製作）。

HOW TO MAKE

30　前片與後片正面相對，留返口車縫一圈。

31　翻回正面，返口藏針縫縫合。縫合。留返口車縫一圈。

32　織帶穿好，以鉚釘固定。

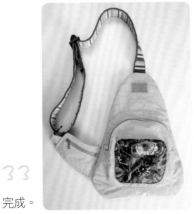

33　完成。

26　與側口袋 B 正面相對車縫三邊，兩處修剪直角。

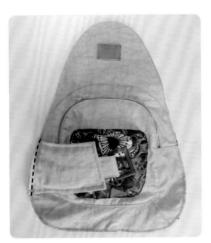

27　翻回正面，壓線。

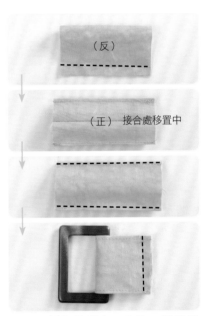

28　側口袋固定在前片位置。

29　車上織帶。

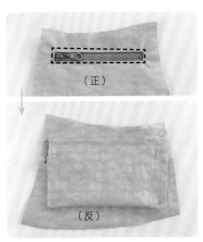

23　在側口袋 A 開一字拉鍊口袋。

（反）

（正）　接合處移置中

24　製作吊環布，穿入口型環對折固定。

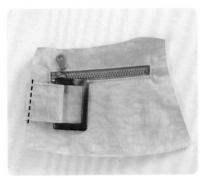

25　側口袋 A 一側車縫上吊環布。

不
規
則
拼
接
·
斜
背
包

挑選幾色夏日風情的印花布，利用不規則拼接做成可愛斜背包，
袋蓋使用雙線壓線後不僅好看更增加挺度，
搭配有特色的皮件也是不可少的，夏日出遊就背它出門吧！

製作示範／李晶
編輯／Joe
成品攝影／言布
完成尺寸／寬 22cm× 高 19cm× 底寬 9cm。
難易度／✳✳✳

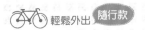

Materials

紙型A面

※材料表上的數字尺寸已含縫份0.7cm，紙型未含縫份。

部位名稱	尺寸	數量
表袋身拼接（印花布）	18×110cm	2
後背布（麻布）	25×30cm	1
袋蓋（麻布）	16×22cm	1
裡袋身（麻布）	25×30cm	2
袋蓋（裡布）	16×22cm	1
舖棉	25×30cm	1
	16×22cm	1

其它配件：
直徑3cm皮扣、寬1cm長20cm皮扣配件1份、背帶及掛耳1份。

李晶

日本手藝普及協會機縫講師，2007 年開始拼布課程學習，2013 年創建了個人工作室棉花糖拼布教室，教室地址：江蘇省南京市建鄴區廬山路 158 號。
日常開設手縫、機縫證書課程，刺繡興趣課程。

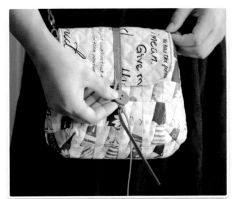

1cm
1cm
1cm
1cm

9 　麻布裁出 25×30cm 的大小，水消筆畫 1cm 的平行間隔線備用。

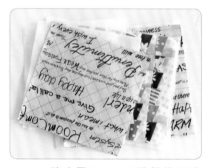

10 　將步驟 7、8、9 準備的三塊布分別加棉、加薄布襯燙好。

11 　畫斜格線的鋪棉麻布用雙針雙線壓線，畫直線的鋪棉麻布單線壓線，拼接表布沿拼接部分落針壓。

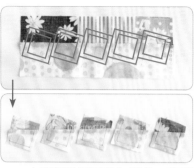

5 　水消筆描好圖並加縫份，剪下備用。

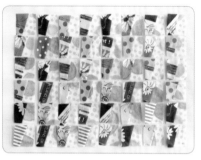

6 　一共 48 片，按照自己喜歡的順序排列好備用。

7 　排列好的方塊以機縫或手縫進行拼接。

8 　麻布裁出 16×22cm 大小，水消筆畫 2cm 的正方斜格線。

1 　準備印花棉布 18×110cm 兩片、麻布半碼一片、雙面膠棉半碼、薄布襯半碼。

2 　兩片棉布裁成 6×110cm 的長條各三條，備用。

3 　裁好的棉布分別正面相對車縫長邊。

4 　車好後，縫份倒向深色布，硫酸紙描好紙型，剪下。中間的線對好車縫的線。

HOW TO MAKE

19 口袋布如圖車縫在裡袋布上，袋口部分做Y字型固定。

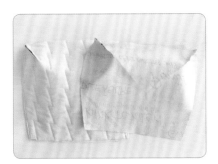

20 表布兩片和裡布兩片分別車縫底部的打摺位置。

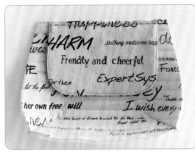

21 袋蓋和後背布先車縫固定。

16 翻回正面，沿邊緣壓一圈線。

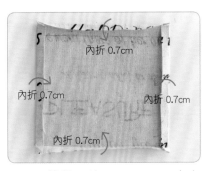

17 準備一片 12.5×13.5cm 大小的麻布，作為內袋的口袋布，內折 0.7cm 熨燙好備用。

內折 0.7cm

內折 0.7cm　　內折 0.7cm

內折 0.7cm

18 袋口的位置再折 1cm，車縫一道固定。

12 壓線完成的三片按紙型描出所需的形狀，剪下備用。

13 剩餘的麻布描出裡袋兩份，袋蓋一份。

14 袋蓋裡布和壓線完成的表布正面相對，車縫U字型，袋口部分不車縫。

15 轉角弧度處剪牙口。

25 縫上表袋身背後的皮背帶配件。

22 前後表、裡袋身分別車縫 U 字型。

29 袋口車縫一圈，壓線固定。

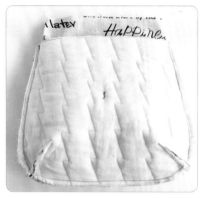

26 表袋身和裡袋身正面相對套合。

23 裡袋身的底部留返口的位置。

30 將裡袋的返口處藏針縫合。

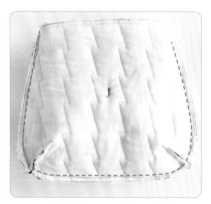

27 袋身沿 0.7cm 邊緣處車縫一圈。

24 表布袋底剪牙口後翻回正面，縫上皮扣。

31 袋蓋縫上皮扣配件，完成包包。

28 從裡袋身的返口處把包包翻回正面。

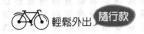

紅格紋‧旅行隨行包

出國旅行必備的護照包，
用熱情紅展現出遊的心情，
內裡選用台製的質感花布，
設計多個口袋與夾層，輕巧又方便，
讓你出國好心情不間斷！

製作示範／Teresa　編輯／Joe　成品攝影／詹建華　完成尺寸／寬 22cm × 高 17cm × 底寬 2cm　難易度／＊＊＊

❀ *Materials* ❀

※材料表上的數字尺寸已含縫份1cm。

	部位名稱	尺寸	數量	備註
外袋—內袋	・外袋表布（麻布）	34×24cm	1	加襯32×22cm
	・外袋裡布（麻布）	34×24cm	1	
	・外袋口袋布（格子）	27×24cm	1	加襯12×22cm
	・拉鍊擋布	5×10cm	2	
	・內袋裡布（麻布）	34×24cm	1	加襯32×22cm
	・內袋表布A（花布）	6×24cm	1	加襯5×22cm
	・內袋表布B（粉色）	43×24cm	1	無襯
	・內袋表布C（花布）	35×24cm	1	加襯26×22cm
	・包邊布	5×41cm	2	

其它配件：
磁釦一組、皮標、皮袋蓋、皮背帶、背帶扣環4組（皮片+D環）、
17cm拉鍊3條。

➤➤➤ ➡ Profile ◀ ◀◀◀

Teresa

「喜歡布作的溫暖、讓日子變的簡單；喜歡
隨意的創作，讓日子變的有趣。」
這就是 Teresa 的手作風格，擅長用繽紛可
愛的配色創作出令人溫馨的作品。從 2010
年開始就將手作與生活結合，多次參與雜誌
和電視節目 Life 樂生活的錄影，2014 年更
創立「Teresa House」，專研在布包的樂趣
中，發表許多可愛、有趣的作品，目前也在
開班教，和大家一起體驗手作的樂趣。

facebook：
www.facebook.com/teresahandwork

網站：
Teresa914.wix.com/teresahouse100

HOW TO MAKE

9 拉鍊左右縫上拉鍊擋布。

10 步驟 8 和步驟 9 正面相對，
上方車縫 0.7cm。

11 翻回正面，壓車一條線。

12 內袋表布 C 如圖背面貼上布
襯，左、右、下各留 1cm 縫
份。

13 步驟 12 和內袋表布 B 正面相
對，未貼布襯一方靠右車縫，
縫份 1cm。

5 外袋表布背面貼上布襯，四周
各留縫份 1cm。

6 外袋表布正面上方往下 4cm 處，
疏縫固定上步驟 4 的外口袋，
縫份 0.5cm。

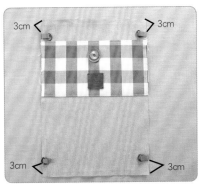

7 在如圖標記處車縫上皮革及背
帶釦環。

8 在內袋表布 A 背面貼上布襯，
四周各留縫份 1cm。

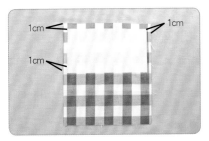

1 外口袋布背面中央上方貼布襯，
左、右、上各留 1cm 縫份。

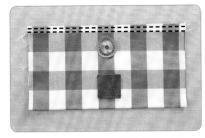

2 外口袋布於正面中央上方 3cm
及 8.5cm 處縫上磁釦及標。

3 外口袋布正面相對，上方車縫
固定，縫份 1cm。

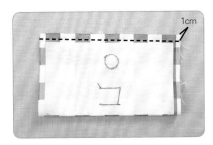

4 翻回正面，上方壓車兩道直線。

24 拉鍊布和步驟 7 布的外袋表布正面相對，中央對齊上方車縫 0.7cm（拉鍊左開）。

25 步驟 24 完成後，再於上方車縫上外袋裡布，正面相對，縫份 0.7cm。

26 如圖於外袋表布下方，另一條拉鍊正面相對，中央對齊，四方車縫 0.7cm（拉鍊左開）。

27 再於下方蓋上外袋裡布，下方車縫，縫份 0.7cm。

19 步驟 11 和步驟 18 正面相對，下方對齊車縫 0.7cm。

20 翻回正面，壓車一條線。

21 拉鍊擋布如圖往內兩折燙折。

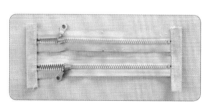

22 如圖兩側車上拉鍊擋布。

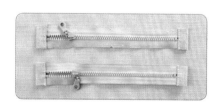

23 車好剪開。

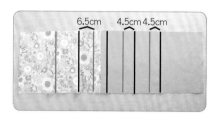

14 製作內袋的夾層，如圖畫出山谷記號線。

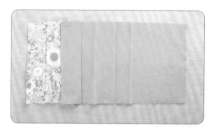

15 如步驟 14 畫好的山谷記號燙折。

16 如步驟 14 畫好的山谷記號燙折。

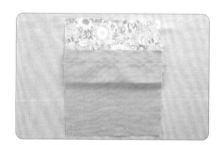

17 於折處壓上車縫線，縫份 0.2cm。

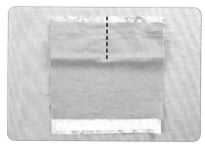

18 粉色布中央車縫一條線，車於三折口袋處。

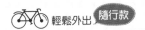
HOW TO MAKE

35 完成後翻出正面檢查如圖 - 內袋。

36 再翻出中央背面,兩側包布邊車縫(拉鍊記得拉開)。

37 從拉鍊處翻回正面。

38 掛上背帶完成圖。

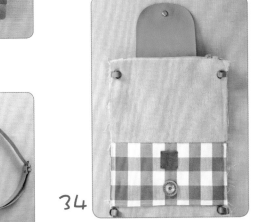

32 完成後,下方也同樣的方式車縫,縫份 0.7cm。

33 完成圖。

34 完成後翻出正面檢查如圖 - 外袋。

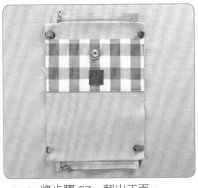

28 將步驟 27,翻出正面。

29 完成的步驟 20,上方中央對齊車縫皮革,縫份 0.7cm。

30 步驟 28 的「正面下方」 對齊步驟 29「正面上方」中央拉鍊處車縫,縫份 7cm。

31 完成後再將內袋裡布正面疊上,上方再車縫,縫份 0.7cm。

應用篇(一)

曲線打版入門

解說文／淩婉芬　編輯／Forig　成品攝影／林宗億
示範尺寸／寬 25cm× 高 15cm× 底寬 15cm（大）
　　　　　寬 15cm× 高 15cm× 底寬 1cm（小）

難易度／🌸🌸🌸🌸

一　包款介紹：基本型圓筒包

圓形側身的圓筒包，通常是基本的波士頓包款；小圓筒包基本款，也是市面上非常多品牌喜歡設計的包款，一方面圓筒型的包款比較可愛，可裝物品不受方正款的限制，運用的範圍更廣。

例如：從手拎包到休閒旅行包款，都可以使用此打版方式來製作；袋身與側身的變化更有無限多種。先來看看示範的標準款。

 來看看怎麼畫基本型的打版

二　曲線打版所需工具

請參見 Cotton Life 玩布生活 No.21 －曲線打版工具。

三　製版方法

製作順序

（1）可先畫出包包的草圖（或使用已知圖片）
（2）決定包的尺寸
（3）畫出袋身版，決定圓弧尺寸
（4）計算側身的尺寸

Profile

原從事廣告行銷企劃工作，土木工程畢業。在一次因緣際會下接觸拼布畫與拼布包，便一頭栽進布的世界裡。由於包包創作實在太有趣，因此開始研究各種包款的版型，進而創立一套比較有系統的版型規劃方式。目前從事網路教學，舉凡包包製作、版型規畫、手工書、拼貼、手工皮件等均為教學範圍。

著作：袋你輕鬆打版‧快樂作包

布同凡饗的手作花園
http://mia1208.pixnet.net/blog
email：joyce12088@gmail.com

凌婉芬

示範包款：

⟶ 要作基本款的小圓筒包，所以兩側身使用正圓

條件：我打算作一個小包款，想放錢包、鑰匙、長夾跟小筆記
本（約 17×13cm）
所以，由上已知的部分，長夾會是最長的（約 20cm），筆記
本最寬（約 13cm）
因此，這個小包的尺寸必須大於 13×20cm

決定包的大小

⟶ 約為寬 25cm（W），高 15cm（H）或是大一點也可以，這裡先以此尺寸來作
計算。因此，正圓的直徑會是 15cm（D）

⟶ 畫出側身版
依照上面的尺寸：D = 15cm

⟶ 計算袋身的大小
圓周長 = 3.1416×15 = 47.1cm

⟶ 如果打算作兩片袋身，
那就是 H = 47.1/2 ≒ 23.6cm
不過，由於需要以拉鍊來組合袋身片，
因此需扣除完成後的拉鍊寬度 1cm，所以袋身片高度更正為 23.1cm。

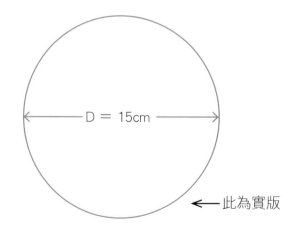

D = 15cm

← 此為實版

→ 畫出袋身版

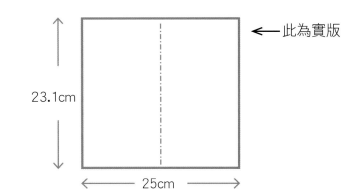

← 此為實版

23.1cm

25cm

如果作一片袋身，則 H = 46.1cm

還有其他的作法，例如：一片底 + 兩片袋身（尺寸的計算就隨個人喜好決定）

如果使用兩片袋身作法，這個包的實際裁片大小如下：

(1) 側身直徑圓 15cm×2 片

(2) 袋身片：W25×H23.1cm×2 片

→ 這樣我們就可以製作包款囉～

試試看！練習設計一個想要的圓筒包

小包款示範

→ 　這樣的側身可以直接當成袋身作成一個小包，

使用常用的 20cm 拉鍊。

因此，小包的袋身＝大包的側身（D = 15cm）

小包側身則扣除拉鍊的長度即可。

→ 依照這樣的原理，試試看！

四　問題&思考

・袋身可以畫梯型的嗎？　　　・如果袋身畫梯型，那麼側身該怎麼計算？

・側身的變化可以有幾種？　　・袋身尺寸如果跟側身不等長該怎麼做呢？

★第五回的曲線應用一就到此，很簡單，只是前幾回的運用而已，
記得練習很重要喔！

NEXT ▶ 曲線打版應用篇（二）

荷葉邊俏麗褲裙

不退流行的款式也很易學好做，短褲下方改成荷葉邊，
就會形成有漂亮弧度的褲裙，外觀好看，行動又方便，是夏日必備單品之一。
快動手完成簡單褲裙，迎接夏天的到來吧！

製作示範／鍾嘉貞　編輯／Forig　成品攝影／林宗億
完成尺寸／褲裙長 38cm（Size：F）
難易度／

Materials 紙型 Ⓑ 面

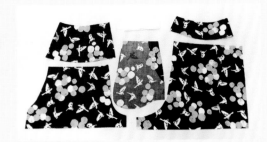

用布量：（幅寬110cm）共需5尺、洋裁襯少許。

裁布：

前片	紙型	2 片
後片	紙型	2 片
前荷葉	紙型	2 片
後荷葉	紙型	2 片
前上片	紙型	1 片（燙洋裁襯）
前貼邊	紙型	1 片（燙洋裁襯）
小口袋	紙型	2 片
大口袋	紙型	2 片

◎荷葉邊裁片按照布紋方向裁剪，波浪會更漂亮喔！

其它配件：4cm寬鬆緊帶長34～38cm。

※ 以上紙型未含縫份。

燙襯部位說明：

1. 前上片和前貼邊要貼上洋裁襯。
2. 前片口袋縫份處貼上牽條，使口袋開口尺寸更穩定不易
   變形。
◎牽條：1cm 寬的直布紋襯。

樣衣及紙板尺寸為F號 單位：公分

腰長	19cm
腰圍	78 ～ 84cm
股上	28cm
臀圍	98 ～ 110cm
褲裙長	38cm

作品特色：

1. 延續上期 A 字裙的腰圍後片鬆緊帶做法，這次變化為流行款
   低腰褲裙。
2. 下襬剪接切展後做成荷葉邊波浪狀，更顯款式活潑俏麗。
3. 增加脇邊口袋的做法，按部就班學習服裝製作技巧。

Profile

鍾嘉貞

一個熱愛縫紉手作的人，喜歡手作自由自在的
感覺，在美麗的布品中呈現作品的靈魂讓人倍
感開心。現任飛翔手作縫紉館才藝老師。

飛翔手作有限公司
http://sewingfh0623.pixnet.net/blog
新北市三重區過圳街七巷 32 號（菜寮捷運站一號出口正後方）
02-2989-9967

How To Make

9 將完成 2 片的後片正面相對，褲襠處車合，並將縫份邊拷克。

10 前片同上作法車合，一樣將縫份邊拷克。

● 製作前上片與貼邊

11 取前上片與前貼邊正面相對車縫上方腰圍線，縫份打數個牙口。

12 翻回正面，縫份朝向前貼邊並壓臨邊線，再對折燙平。

5 翻到背面，將大口袋布與小口袋布正面相對，車縫 1cm 縫份（不要車縫到前片），再將袋布縫份一起拷克處理。

● 接合荷葉片與前後片

6 前片下方與前荷葉上方正面相對車合，縫份邊拷克處理。

7 後片下方與後荷葉上方正面相對車合，縫份邊拷克處理。

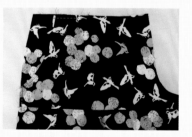

8 前片口袋疏縫固定袋布，如上圖畫線位置。

● 製作脇邊口袋

1 前片口袋邊緣貼上牽條。（1cm 寬的直布紋襯）

2 取小口袋布與前片正面相對車縫 1cm。

3 翻回正面，縫份朝向口袋布壓臨邊線固定。

4 整燙折翻好，在袋口處壓0.5cm 裝飾線。

50

13 將前貼邊正面對齊前片背面上方,車縫腰圍處。

20 荷葉下襬處三折邊車縫臨邊線固定。

17 取前後片正面相對,兩脇邊和褲襠下方對齊好車縫,再將縫份拷克處理。

14 前上片縫份往內折燙 1cm,翻回正面對齊縫線壓臨邊線。

21 翻回正面,完成!

18 取 4cm 寬 34cm 長鬆緊帶一段,將左右固定在脇邊縫份處,可先車縫直線固定,再用 Z 字型花樣加強固定。

15 完成前片製作。

●製作後腰圍鬆緊帶與接合

19 將上方布折下蓋住鬆緊帶,邊緣車縫臨邊線固定(邊拉鬆緊帶使布平整車縫)。
◎注意壓臨邊線時不要車到鬆緊帶。

16 將後片上方腰圍處縫份先折燙好 1cm 再折燙 4cm。

短版外套式上衣

男女生都適合的童裝，春秋天可當上衣穿著，夏天可在冷氣房裡當外套穿搭。衣服上的裝飾片可設計在袖子、衣身或其它位置，有不同的感覺。像是擺放在精品童裝店的服飾，有質感又好看。

製作示範／Meny　編輯／Forig　成品攝影／詹建華

完成尺寸／衣長 36cm（Size：F）

難易度／🍓🍓🍓

★樣衣及紙板尺寸為F　單位：公分

衣長（後中量至下襬）	36cm	袖長	34cm
肩寬	27cm	領圍	33cm

紙型B面
用布量：（幅寬110cm）主色布3尺，配色布1尺。

部位名稱	尺寸	數量
• 前身片	紙型	2片（左右各1）
• 袖子	紙型	2片（左右各1）
• 口袋	紙型	2片（燙薄襯）
• 後身片	紙型	1片
• 領子	紙型	2片（1片燙薄襯）
• 袖子裝飾片	紙型	2片（燙半薄襯）
• 門襟	依前身片紙型裁薄襯	2片

※以上紙型已含縫份。

其它配件：
造型釦（木釦）2顆、五爪釦4組。

Profile

Elna

公司名稱：愛爾娜國際有限公司

電話：02-27031914
經營業務：日本車樂美 Janome 縫衣機代理商
　　　　　無毒染劑棉（麻）布、拼布專用布料進口商
　　　　　縫紉週邊工具、線材研發生產製造商
　　　　　簽約企業手作課程量身規劃、教學
　　　　　手作教室創業、輔導、加盟

信義直營教室：
台北市大安區信義路四段 30 巷 6 號（大安捷運站旁）
Tel：02-27031914　Fax：02-27031913

師大直營教室：
台北市大安區師大路 93 巷 11 號（台電大樓捷運站旁）
Tel：02-23661031　Fax：02-23661006

作者：Meny

經歷：愛爾娜國際有限公司商品行銷部資深經理
　　　簽約企業手作、縫紉外課講師
　　　手作教室創業、加盟教育訓練講師
　　　永豐商業銀行ＶＩＰ客戶手作講師
　　　布藝漾國際有限公司手作出版事業部門總監

8　翻回正面整燙好，備用。

9　袖子袖口處縫份拷克並折燙好。

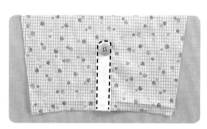

10　袖口中心處擺放上袖子裝飾片，沿邊壓線固定，再縫上造型釦，完成左右2片。

 接合衣身與袖子

11　將前身片與後身片正面相對，肩線處車合，縫份燙開。

★後身片肩線處記得要先拷克。

4　肩線處拷克，完成左右前身片。

5　將口袋依前身片紙型標示位置擺放，車縫U字型固定。

製作袖子裝飾片

6　取袖子裝飾片，一半燙好薄布襯，上方縫份內折。

7　對折後依圖示車縫固定，弧度處剪牙口。

製作前口袋

1　取燙好薄襯的口袋布，上方縫份折燙1cm，再折燙2cm。

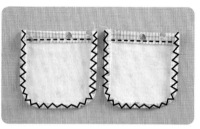

2　正面壓線後外緣拷克，並將縫份內折縮燙，完成2片。

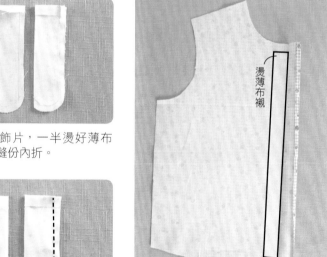

3　取前身片，門襟處依紙型標示位置燙上薄布襯，並依記號線折燙好。

🍓 HOW TO MAKE 🍓

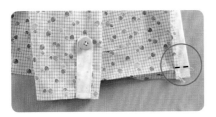

20 門襟下襬處反折，車縫一道固定，完成左右兩邊。

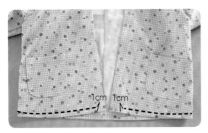

21 翻回正面，下襬從門襟後壓線 1cm 固定。

22 正面再壓縫門襟處一圈，完成左右門襟壓線。

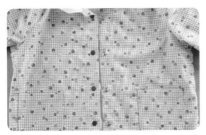

23 門襟依紙型位置固定上 4 組相對應的五爪釦。

24 短版外套式上衣完成。

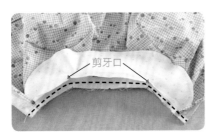
剪牙口

16 將領子與衣身領圍處對齊，領圍兩邊門襟處反折，一起車縫領片，轉彎處打牙口。

17 門襟翻回正面，與領子交接處剪一刀牙口。

18 將領片縫分往上倒，另一片領子縫份內折，蓋住車縫線，並壓線固定。

🍓 製作下襬與門襟

19 門襟與下襬縫份折燙好，下襬處需先拷克。

後　前
後　前

12 衣身袖圍處與袖子正面相對，沿邊對齊好車合，再將縫份拷克。

★袖子前後弧度要對應前後身片，注意接合方向，此處容易接錯。

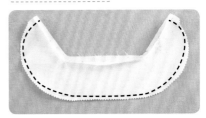

13 袖子對折，接合袖脇與衣身脇邊，對齊好車縫一道，袖圍的縫份倒向袖子，並將縫份拷克，同上作法完成另一邊袖子。

🍓 製作領子

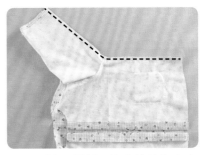

14 將有貼襯的領子內緣先折燙，再取另一片領子正面相對，車合外緣處至車止點，並在弧度處打牙口。（用鋸齒剪修剪縫份亦可）

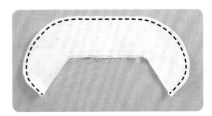

15 翻回正面整燙（往沒有襯的那面多折燙 0.1cm），再壓 0.5cm 裝飾線。

作者／ Ama country doll

Ama's 手縫童話鄉村娃娃
人偶和動物娃娃素體、頭髮、服裝、配飾製作攻略

＊鄉村娃娃人型與動物素體教學
每個娃娃都附上身體的原吋紙型，還有完整介紹如何製成素體的重點技巧。

＊訓練配色美感，講究整體造型設計
每個娃娃從頭髮到服飾的設計，不僅色彩豐富，樣式多變，連娃娃的飾品配件也非常講究。

＊材料配件靈活運用，做成各種實用雜貨
活用不同的布料和毛線材質與緞帶、釦子等各式配件材料，打造出擁有自己風格的鄉村娃娃，還能製作成實用的配飾和雜貨。

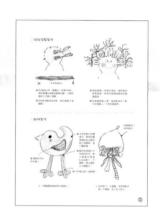

作者／徐淑賢

徐老師的花葉寫意刺繡
35 種詳解基礎刺繡 ×12 種創意花朵刺繡 ×10 則創作靈感小語，繡出溫暖繽紛的生動花草世界

＊實際尺寸逐步示範
以一比一的原比例實繡步驟呈現，是最接近真實的清楚示範。

＊基本刺繡無窮變化
秩序中創造變化、變化中掌握秩序，延伸出各種新奇的線條效果。

＊十幅作品多款應用
不只是一幅刺繡藝術，而能拆解應用在各種家飾品中，佈置美化空間。

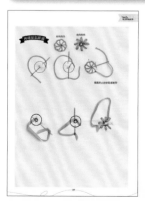

旅遊專題

自在風尚旅行包

各款不同功能的實用旅行包，
來場說走就走的放鬆之旅吧！

撞色帆布輕旅包

示範、文／紅豆　編輯／Vivi
攝影／詹建華　Model ／林庭羽
完成尺寸／寬 47cm× 袋底寬 21cm
× 高 29cm（不含提把）
難易度／★★★★★

一目瞭然的口金式大開口，超便利！帆布自然洗舊的樸實質感，搭配上可調式提把與可插桿的拉鍊口袋，低調的貼心設計，展現出隨興與個性。而撞色滾邊，彷彿是一顆雀躍藏不住的心，滿心期待著即將展開的旅程。

Materials 紙型 Ⓒ 面

用布量：

表布： 日本 10 號水洗石蠟帆布（幅寬 110cm）主布約 2.5 尺、配色布約 2 尺

裡布： 肯尼布（幅寬 140cm）約 3 尺

裁布：（版型為實版，縫份請外加。數字尺寸已內含縫份0.7cm，後方數字為直布紋。）

表布

主布： 日本 10 號水洗石蠟帆布（湛藍）

表袋身	版型 A	2 片
立體口袋表布	版型 C	1 片
立體口袋側身（表）	5×32.5cm	1 片
拉鍊口袋襠布（表）	3×4cm	2 片
貼式口袋表布	版型 D1	2 片
拉鍊口袋布 A	27.5×13cm	1 片
提把布 A1	4×95cm	2 片
提把布 B1	4×35cm	2 片

配色布： 日本 10 號水洗石蠟帆布（卡其）

表袋身配色布	65×5.5cm	2 片
表袋底	版型 B	1 片
立體口袋拉鍊口布（表）	3.5×21.5cm	1 片
貼式口袋上貼邊	版型 D2	2 片
拉鍊口袋布 B	27.5×18cm	1 片
提把布 A2	7×95cm	2 片
提把布 B2	7×35cm	2 片
支架穿入布	55.5×3.5cm	4 片

裡布（肯尼布）

裡袋身	版型 A	2 片
裡袋底	版型 B	1 片
底板布	版型 B	2 片
立體口袋裡布	版型 C	1 片
立體口袋拉鍊口布（裡）	3.5×21.5cm	1 片
立體口袋側身（裡）	5×32.5cm	1 片
貼式口袋裡布	版型 D3	2 片
拉鍊口袋裡布	27.5×29.5cm	1 片
拉鍊口袋襠布（裡）	3×4cm	2 片
底板夾層布	35×23cm	1 片
內口袋	依喜好製作	

※ 本次示範作品的表布（日本 10 號水洗石蠟帆布）與裡布（肯尼布）均不燙襯。若使用其它素材，請斟酌調整。

其他配件：內徑4cm針釦調整環2個、5號金屬碼裝拉鍊約4尺、拉鍊頭5個、38×9cm圓弧支架1組、PE板約47×21cm、10mm雞眼12組、拉鍊束尾釦2個、腳釘5組、鉚釘8組、蘑菇固定釦10組、提把飾尾皮片2個

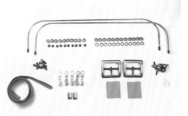

Profile

紅豆・林敬惠

師承一個小袋子工作室 - 李依宸老師，從基礎到包款打版，注重細節與實作應用，開啟了手作包創作的任意門。愛玩手作，恣意揮灑著一份熱情與天馬行空的創意，著迷於完成作品時的那一份感動，樂此不疲！2013 年起不定期受邀為 Cotton Life 玩布生活雜誌，主題作品設計與示範教學。

部落格：紅豆私房手作 http://redbean5858.pixnet.net/blog

11 兩端的縫份均倒向側身，沿邊壓線。並將與拉鍊同側的側身表裡布先疏縫固定。

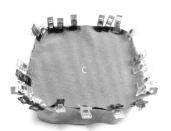

12 拉鍊側身布與表布（C）先疏縫一圈（如強力夾處），圓弧處剪芽口，預定返口處則車縫實際線。

13 口袋裡布與表布正面相對夾車拉鍊側身，並於下方預留返口。

★前表袋身立體拉鍊口袋

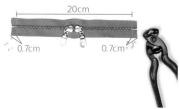

6 取一段碼裝拉鍊約 21.5cm，標示出所需拉鍊長度 20cm 位置，前後各留 0.7cm 縫份的拉鍊布。（將縫份處的拉鍊齒拔掉，並裝上拉鍊頭。）

7 拉鍊口布（表、裡正面相對）夾車拉鍊，並沿邊壓線。

8 將口布（表、裡）長邊向內折出 0.7cm 縫份備用。※（水洗石蠟帆布可以直接壓折定型，裡布為防水布不能整燙，可沿邊（約 0.3cm）壓一條固定線。）

9 側身（表、裡）的長邊也折出 0.7cm 縫份。（同前法，只有單側。）

10 側身表裡布夾車步驟 8 的拉鍊布兩端。（※ 有壓折的均在同一側哦！）

★可調式提把

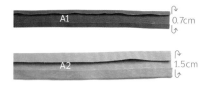

1 提把布 A1 兩長邊向中間折入 0.7cm，提把布 A2 兩長邊則向中間各折入 1.5cm。

2 將 A1 置於 A2 的中心（折入處相對），於 A1 兩側邊緣壓線。共完成 2 條長提把。

3 B1 與 B2 同上 A 的作法，完成另二條短提把。

4 長提把 A 於一端距 10cm 畫上雞眼釦的位置，再每隔 2.5cm 依序畫上記號，共 5 個。再依記號處位置安裝雞眼釦，共完成 2 條。（僅單側）

5 短提把 B 於一端距 5cm 的位置安裝 1 個雞眼釦，共完成 2 條。

20 翻到背面並將裡布朝上，左右兩側車縫固定，其中一側下方預留返口不車縫。

21 將裡布掀起，車縫預留返口位置處的表布。

22 四個角的縫份修小，由返口翻回正面，返口以藏針縫縫合備用。

17 再與裡布正面相對夾車拉鍊，並沿邊壓線。

18 另一側亦同。並在拉鍊邊壓線。

19 翻回正面拗折如圖示，車縫固定拉鍊頭尾二側。（不含最底的第4片）

14 由返口翻回正面後，縫合返口完成備用。

★後表袋身可插桿拉鍊口袋

21.5cm

15 取23cm的拉鍊，前後0.7cm的拉鍊齒拔掉並裝上拉鍊頭，在拉鍊兩端夾車襠布並壓線。

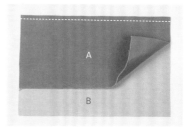

16 拉鍊口袋布A、B正面相對長邊相接。

★ 支架穿入布

0.7cm →
← 0.7cm

27 取 63cm 碼裝拉鍊,頭尾兩端 1cm 的拉鍊齒拔掉備用。將支架穿入布頭尾兩端分別折入 0.7cm 後,二片正面相對置中夾車拉鍊。

28 翻回正面後沿邊壓ㄈ線,預留一邊為支架穿入口不車縫。另一側亦同,完成支架穿入布。

29 拉鍊安裝雙向拉鍊頭,並於二側尾端安裝拉鍊飾尾釦。

正
正
背
返口

25 對折後(正面相對)於背面車縫 U 型線,並於袋底直線處預留返口。

26 翻回正面於袋口壓線,共完成 2 個口袋。

★ 側身貼式口袋

D2
D1

23 貼式口袋布 D1、D2 接合,縫份倒向 D1 並壓線。

D1　D2　D3

24 再與 D3 裡布接合,縫份倒向裡布壓線。

38 二片表袋身正面相對,先接
合其中一側。

39 將步驟 26 的貼式口袋,固定
於側身圖示位置上。

40 於袋口左右兩側上方,安裝
加強固定用的蘑菇釦。另一
側亦同。

34 沿邊壓線並於下方與表袋身
疏縫固定。另一片亦同,共
完成 2 片。

35 依紙型 C 置於距裝飾布 1cm
中心位置,做出口袋記號位
置。

36 以壓臨邊線的方式,將步驟
14 的立體拉鍊口袋車縫固定
在表袋身的指定位置上。

37 將步驟 22 的可插桿拉鍊口
袋,置於標示位置上,於袋
口左右兩側對應位置,分別
安裝 6 顆蘑菇釦。

★ 製作表袋身

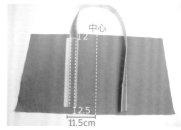

30 提把 A(長)如圖示距袋底
2.5cm、提把外側距中心點
11.5cm,沿提把邊緣車縫冂
字線固定於表袋身上,並於
距袋口 2cm 位置止縫。(※
可利用紙膠帶做車縫記號輔
助線)

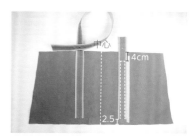

31 提把 B(短)如圖示距袋底
2.5cm、提帶外側距中心點
11.5cm,沿提把邊緣車縫冂
字線固定於表袋身上,並於
距袋口 4cm 位置止縫。

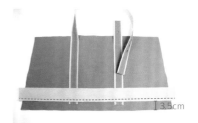

32 表袋身配色布置中於距袋身
下緣 3.5cm 車合。

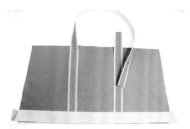

33 將配色布往下翻,並將多餘
的布依袋身大小順修剪掉。

★組合表裡袋

48 表裡袋正面相對車合袋口一圈（如強力夾處）。

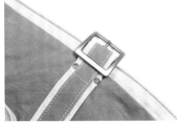

49 由裡袋身預留的返口處翻回正面並整理袋型。

50 針釦調整環套入短提把（B），再將提把布尾端向後拗折並以鉚釘固定在袋身。共完成二條。

51 提把尾端釘上飾尾皮片，共2個。

23cm

45 底板夾層布對折車縫，翻回正面兩長邊壓線，置於袋底中央疏縫固定。

返口

46 將二片裡袋身二側相接（其中一側留約20cm的返口）形成一圈。

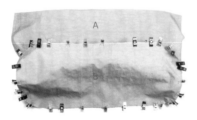

A

B

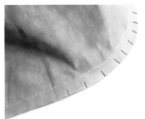

47 再與裡袋底相接合（如強力夾處），圓弧處請剪芽口，完成裡袋身。

41 標出袋身與袋底的中心記號位置，袋底與袋身依記號位置對齊相接合。

42 將步驟29的支架穿入拉鍊布，固定於表袋身的袋口。（兩端留約2cm空隙）

★製作裡袋

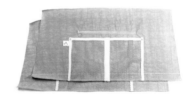

43 依喜好製作裡袋身口袋。

44 PE底板因有厚度，請依袋底（版型B實版）沿邊內修約0.2cm，底板布二片正面相對沿邊車縫，於短邊直線處預留返口，翻回正面後，塞入PE底板，縫合返口備用。

52 依指定位置於袋底安裝 5 顆
腳釘。

53 穿入支架口金並置入底板。

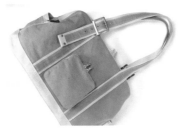

54 完成。

一個人的輕旅包

製作示範／陳怡如

編輯／ Joe　成品攝影／ Jack

完成尺寸／寬 38cm× 高 31cm× 底寬 16cm

難易度／★★★★★

充滿夢幻小房子的紫色圖案布，袋底運用硬挺的編織布，設計成可以擺放鞋子的收納袋，外口袋也都貼心加裝了雙頭拉鍊方便拿取。機能性十足的旅行袋，快拎著它來一趟美好的夏日旅行吧！

Materials 紙型 C 面

用布量：棉麻布1尺，厚質素布1/4尺，素布1尺，編織布1尺，裡布4尺，厚布襯2碼

表布

前外口袋	依紙型 A	1 片（厚布襯 2 片）
後上袋身	依紙型 D	1 片（厚布襯 2 片）
上側身	51.5×9cm	2 片（厚布襯 4 片）
側身 D 環布	7.5×7cm	2 片
下袋身（小）	107.5×3.5cm	1 片（厚布襯 2 片）
後片拉鍊口袋布	6×24cm	2 片（厚布襯 2 片）

厚質素布

前上中片	依紙型 B	1 片（厚布襯 2 片）
前上側片	依紙型 C	2 片（厚布襯 4 片）

素布

滾邊斜布條	3×75cm	3 條

編織布

下袋身（大）	82.5×9cm	1 片（厚布襯 2 片）
下袋身襠布	27.5×9.5cm	1 片（厚布襯 2 片）
底部	依紙型 E	1 片（厚布襯 2 片）
上側身剪接布	16.5×10cm	2 片（厚布襯 4 片）

裡布（內口袋尺寸可自行設計，襯依個人喜好貼）

前外口袋	依紙型 A	2 片
貼式內口袋	28×36cm	1 片
後上袋身	依紙型 D	1 片
拉鍊後口袋	24×24cm	1 片
鬆緊帶口袋	28×50cm	1 片
底部	依紙型 E	3 片
底板襠布	17.5×32cm	2 片
前上袋身	依紙型 F	1 片
拉鍊內口袋	24×35cm	1 片
下袋身（小）	107.5×3.5cm	1 片
下袋身（大）	82.5×9cm	1 片
下袋身襠布	27.5×9.5cm	1 片
上側身	51.5×9cm	2 片
上側身剪接布	16.5×10cm	2 片

其他配件：拉鍊雙頭50cm，59cm，80cm各1條、拉鍊20cm 2條、2.5cm D環2個、包繩8尺、手把1組、底板1片、寬1cm鬆緊帶。

※ 以上紙型、數字尺寸已含縫份。

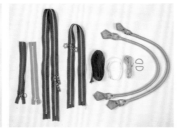

Profile

陳怡如

服裝科系畢業
日本手藝普及協會指導員第一屆（手縫）
日本余暇文化振興會講師第一屆（機縫）
日本手藝普及協會機縫講師
台灣喜佳公司機縫講師第一屆
台灣喜佳公司服務 15 年
《愛上縫紉機》書籍作者之一

How To Make

9 紙型（D）車縫一字拉鍊口袋，弧度處車縫包繩。

5 將紙型（B）與（C）接合，縫份燙開。

★ 製作前外口袋

1 紙型（A）弧度處車縫包繩。

10 紙型（D）裡布鬆緊帶口袋製作好後備用。

6 與紙型（A）夾車做法 4 的另一邊拉鍊。

2 將拉鍊車縫固定。

★ 完成上袋身

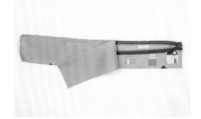

11 將上側身表、裡布夾車拉鍊。

7 在紙型（B）與（C）的弧度處同做法 1 車縫包繩，正面壓邊線於裡布處，完成前外口袋。

3 紙型（A）裡布車縫內口袋。

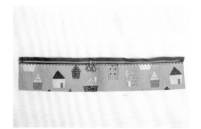

12 正面壓線，另一邊同做法。

8 紙型（F）車縫褶子，並車縫拉鍊內口袋。

4 再與做法 1 正面對正面車縫，翻回正面壓邊線一圈。

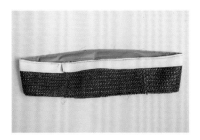

21 下袋身（小）兩端接縫成一圈（表、裡布分別車縫）。

17 在做法 16 後面放上紙型（F）固定後車縫內滾邊。

13 側身 D 環布 7.5cm 處對折車縫 0.7cm，翻正面放入 D 環固定。

18 後上袋身同作法，完成上袋身備用。

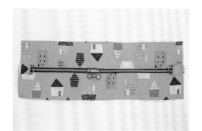

14 將 D 環放於上側身兩端處固定。

22 下袋身（小）與下袋身（大）組合，於正面下袋身（小）正面壓線。

★ 製作下袋身

19 將下袋身（大）與裡布夾車拉鍊，正面壓線。

15 上側身兩端夾車上側身剪接布，正面壓線。

★ 組合袋底與袋身

23 將袋底與下袋身組合。

20 再與下袋身襠布接合成一圈，正面壓線。

16 前外口袋與側身正面對正面車縫。

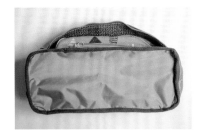

28 將縫份處車縫滾邊一圈。

26 取上袋身與下袋身正面相對車縫一圈。

24 底板襯布兩側處對折再對折車縫，再與袋底裡布一起放於（作法23）固定，並上滾邊。

29 縫上手把，即完成。

27 再放上袋底對齊車合。

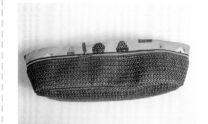

25 翻正後如圖。

浪跡天涯後背包

製作示範／胡珍昀　編輯／Forig
成品攝影／蕭維剛
完成尺寸／寬 35cm× 高 45cm× 底寬 17cm
難易度／★★★★

用輕盈材質的布料製作，即使有多口袋和夾層揹起來也無負擔，後方設計可掛在行李箱拉桿上的拉鍊口袋，實用又方便。帶著它當個勇於冒險的背包客，看遍各國景緻，留下足跡。

Materials  紙型 D 面

用布量：肯尼布3尺、防水布3尺、尼龍布3尺、網狀布3尺。

裁布：

表布（桃紅色）

F1 前袋身（上）	紙型	1
F2 前袋身（中）	31.5cm×7.2cm	1
F3 前袋身拉鍊擋布	6cm×3cm	2
F4 前袋身（下）	31.5cm×29cm	1
F5 一字拉鍊布	28cm×3.2cm	1
F6 一字拉鍊口袋布（前）	28cm×20cm	1
F7 一字拉鍊口袋布（後）	28cm×21cm	1
F8 側邊拉鍊布（前）	111.5cm×5cm	1
F9 側邊拉鍊布（後）	111.5cm×12.5cm	1
F10 後袋身	紙型	1 潛水布（依紙型四周少 1.5cm）
F11 袋底	31.5cm×18cm	1

表布（紫色）

F12 立體口袋外袋身	31.5cm×38.5cm	1
F13 立體口袋內袋身	31.5cm×35cm	1
F14 立體口袋拉鍊布	16.5cm×6.7cm	2
F15 立體口袋拉鍊布	16.5cm×3.3cm	2
F16 側身布	5cm×14.5cm	4
F17 貼式口袋	26.5cm×65cm	1
F17 前袋身口袋布（前）	31.5cm×20cm	1
F18 前袋身口袋布（後）	31.5cm×22cm	1
F19 背帶布	紙型	4 正反各 2
F20 後袋拉桿布	31.5cm×62cm	1

網狀布

F21 前貼式口袋	26.5cm×14cm	1
F22 內袋（上）	31.5cm×15cm	1
F23 內袋（下）	31.5cm×21cm	1
F24 隔間	紙型	1

裡布

B1 前袋身	紙型	1
B2 後袋身	紙型	1
B3 側邊拉鍊布（前）	111.5cm×5cm	1
B4 側邊拉鍊布（後）	111.5cm×12.5cm	1
B5 電腦布	31.5cm×66cm	1
B6 袋底	31.5cm×18cm	1
B7 收尾布	31.5cm×10cm	1

減壓棉

C1 背帶	紙型	2 正反各 1
C2 電腦棉	29cm×31cm	1
C3 後袋棉	29cm×30cm	1

其他配件：5# 金屬拉鍊 110cm 長 1 條、5# 金屬拉鍊 60cm 長 1 條、5# 金屬拉鍊 30cm 長 1 條、5# 金屬拉鍊 22cm 長 1 條、5# 金屬拉鍊 25cm 長 1 條、尼龍拉鍊 30cm 長 1 條、尼龍拉鍊 112cm 長 1 條、包邊帶 5 尺（32cm 長 3 條＋27cm 長 1 條＋17cm 長 1 條）、2cm 人字帶 9 尺、3.8cm 織帶 8 尺（55cm 長 1 條＋40cm 長 1 條＋70cm 長 2 條）、3.8cm 日型環 2 個、3.8cm 三角型環 2 個、圓弧鉤釦座 2 組、6×6mm 鉚釘 3 顆、1.5cm 壓釦 1 組。

※ 以上紙型及數字尺寸皆已含 0.7cm 縫份，此示範裡布為尼龍布不需燙襯，若為棉布則燙洋裁襯。

Profile

胡珍昀

覺得製作出符合需求又實用的包，是一種快樂，也是一種滿足，享受製包過程的挑戰性，努力讓製程盡善盡美。喜歡成品完成時，內心充滿的喜悅與成就感，期待藉由本書分享給大家相同的感受。

How To Make

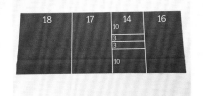

9 取 F17 貼式口袋，依圖示於背面畫好記號線。

10 將網狀布 F21 對齊 F17 正面（16cm 處），中間壓線，外圍三邊車縫固定。

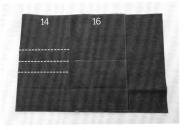

11 將 F17 貼式口袋 30cm 處對折，依照記號線車縫。

12 再將 18cm 處對折，下方留 1cm，左右 2 邊車縫。

5 未接合的部份，分開與拉鍊布接合。

6 將 F12 與 F14 和側身布，側邊接合，轉角處須剪牙口，最後收尾地方留 0.7cm 不車合。另一邊 F13 和 F15 同作法接合。

7 另一側同上作法車合，完成後翻回正面，三邊疏縫固定。

8 取包邊帶 27cm 長包住網狀布 F21 前貼式口袋一長邊，壓線 0.2cm。

★ 製作立體口袋及前袋身（下）

1 將 F12 立體口袋外袋身與 F14 立體口袋拉鍊布接合；F13 立體口袋內袋身與 F15 立體口袋拉鍊布接合，下方都留 0.7cm 不車縫。

2 完成後的立體口袋布，正面相對中間夾車 60cm 長的金屬拉鍊，拉鍊正面朝向 F12 立體口袋外袋身，左右縫份倒向外側。

3 立體口袋翻回正面，周圍對齊，拉鍊反面處壓線 0.2cm 固定。

4 取 F16 側身布 2 片，正面相對，對齊拉鍊邊緣，夾車拉鍊尾端 3cm。

21 將車好的立體口袋放於 F4 上，四周沿邊對齊疏縫固定。

★ 製作前袋身

5cm　5cm

22 取寬 3.8cm 織帶 55cm 長和 40cm 長，中心點往左右各車縫 5cm，並分別在中心釘上壓釦，須注意方向性。

5cm　5cm

23 取 F1 前袋身（上）的下方中心點往左右 5cm 處將 55cm 的織帶固定。並將 22cm 金屬拉鍊兩端與 F3 前袋身拉鍊擋布車合，正面壓線固定。

24 將 F1 與 F18 前袋身口袋布（後）夾車 22cm 金屬拉鍊。

17 取 F6 前袋身一字拉鍊口袋布（前）與 F5 下方夾車 25cm 金屬拉鍊，翻正後在口字型下方壓線。

18 再將 F5 另一邊與 F7 前袋身一字拉鍊口袋布（後）夾車另一邊拉鍊。

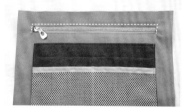

19 翻回正面，在口字型另外三邊壓線。

20 翻到背面，將口袋布三邊車合。

13 翻回正面，於上方壓線 0.5cm 固定。

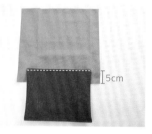

5cm

14 取 F4 前袋身（下）下方往上量 5cm 處畫記號線，F17 底布對齊記號線車縫 0.7cm 一道。

15 將貼式口袋往上翻，左右 2 邊壓線 0.2cm，下方壓線 0.5cm 固定。

16 再從上方量下來 3cm，左右進來 3cm 處畫出一字開口（25cm×1.2cm），取 F5 前袋身一字拉鍊布背面也畫出一字開口，與 F4 正面相對，依照記號對齊，車縫外框線。並將中間線剪開，左右剪 Y 字形。

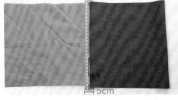

32 將 F10 下方往上量 5cm 處對齊金屬拉鍊另一邊並車縫固定。

33 由 F20 側邊放入 C3 後袋棉，兩邊與 F10 車縫固定。

34 將 F10 上方中心點往左右各 2cm 處疏縫背帶固定，再將已做好的 40cm 織帶外圍對齊背帶車縫。取圓弧鉤釦座分別鎖在袋身底部兩側。

★ 製作側身

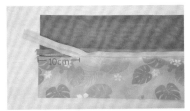

35 取 110cm 金屬拉鍊與 112cm 尼龍拉鍊中心點固定，金屬拉鍊兩端往上 10cm 與尼龍拉鍊車縫。再取 F9 側邊拉鍊布（後）與 B4 夾車拉鍊，拉鍊正面朝 F9 側邊拉鍊布，車合到下方 10cm 處時，尼龍拉鍊布往外放，不要車到。

★ 製作後背帶

28 將 C1 背帶減壓棉貼上雙面膠，黏貼於 F19 背帶布背面，再將另一片背帶布背面相對，三邊疏縫固定。

29 以 2cm 人字帶對折包邊並車縫固定，完成左右 1 對。

★ 製作後袋身

30 取 F10 後袋身在正面畫出中心線，下方往上 1cm 畫出 45 度角的 V 型線。將淺水布放於 F10 後袋身背面，在正面 V 型線上車縫壓線。

31 取 F20 後袋拉桿布對折，正面朝內，夾車 30cm 金屬拉鍊單邊，並翻回正面。

25 翻回正面壓線，並將織帶放平於 F1，往上壓線 8cm 車縫固定。

26 再取 F2 前袋身（中）與 F17 前袋身口袋布（前）夾車拉鍊另一邊，並翻回正面壓線 0.2cm。再將袋身口袋三邊車縫固定。

27 將 F2 另一邊與立體口袋 F4 前袋身（下）車縫固定，並翻回正面壓線 0.2cm。

★製作前後袋身裡布

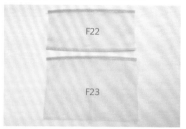

43 取 F22 內袋（上）用 2cm 包邊帶對折包覆上下兩邊車縫，再取 F23 內袋（下）包覆上方車縫。

44 先將30cm尼龍拉鍊放於F23包邊處下方，並壓線固定。再將F23放在B1前袋身上，下方對齊，三邊壓線。F22與另一邊尼龍拉鍊壓線固定。
※圖片數字為車縫順序。

45 取 17cm 包邊帶對折，上下邊各內折 1cm，固定於 F22 中間位置，周圍車縫固定。

46 取 B5 電腦布正面朝外對折，疏縫兩側，將 C2 電腦棉由下方放入，並車縫固定。

39 取 B7 收尾布正面相對對折，一邊內折 0.7cm 車縫兩側。

40 將 B7 翻回正面，未折邊與 F24 隔間網狀下方正面相對車縫。網狀布多餘份量平均倒向中心打摺。

41 再將布翻至另一面包覆住 F24 下方縫份，沿邊壓線。

42 將側邊拉鍊布外圍邊分別疏縫固定。

36 翻回正面，沿拉鍊邊壓線固定。

37 取 F8 側邊拉鍊布（前）與 B3 夾車金屬拉鍊另一邊。

38 尼龍拉鍊另一邊與 F24 隔間網狀布車合，並在網狀布正面壓線。

55 取寬 3.8cm 織帶 70cm 長 2 條，一邊反折 1.5cm 固定於背帶正面底部上來 5cm 處，另一邊穿過 3.8cm 日型環和 3.8cm 三角型環，再穿回日型環，內折車縫固定。

56 完成。

51 再將 B1 前袋身正面相對疊蓋上，對齊車縫，翻回正面。

52 取 F11 袋底與 B6 袋底背面相對疏縫一圈。

53 袋身底部與袋底四周對齊接合，並用人字帶對折包覆四周固定。

54 將 B7 收尾布與袋底中間對齊用鉚釘左、中、右固定。

47 再與 B2 後袋身下方對齊，三邊車縫固定。

★ 組合袋身

48 將車縫好的側邊拉鍊布（後）與 F10 後袋身正面相對，沿邊對齊車縫，底留 0.7cm 不車合。

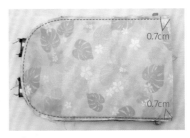

49 再將 B2 後袋身正面相對疊蓋上，對齊車縫，底留 0.7cm 不車，翻回正面。

50 側邊拉鍊布（前）與前袋身正面相對，沿邊對齊車縫，底一樣留 0.7cm 不車。

環遊世界大容量旅行包

製作示範／黃碧燕

編輯／Forig　成品攝影／詹建華

完成尺寸／寬 42cm× 高 44cm× 底寬 15cm

難易度／★★★★

背上親手作的包包當個熱愛生活和旅行的背包客，帶著有自己風格的包款與世界各地的人相識交流，讓這段旅程擁有與眾不同的意義，為你的人生留下無數美麗風景與回憶。

Materials 紙型 C 面

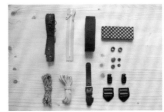

用布量：素色帆布4-4.5尺、花色配色布3尺、內裡布5-6尺、厚布襯4-5尺、薄布襯4-5尺、輕挺襯半尺、舖棉半尺。

裁布：

素帆布

前袋身	紙型	1 片
側邊三角片	紙型	2 片
前片袋蓋	紙型	1 片
側底	紙型	1 片
前片大口袋	紙型	1 片
後袋身	紙型	1 片
肩帶	紙型	2 片

花色布

拉鍊口布	紙型	2 片
拉鍊擋布	紙型	4 片
側邊雙口袋	紙型	2 片
雙口袋袋蓋	紙型	2 片
前雙口袋	紙型	2 片
後裝飾片	紙型	1 片
肩帶	紙型	2 片
手提把布	紙型	2 片

（前片手提把會比後片短，因為後片手提把是車在後片裝飾布上，故需要比較長）

內裡布

前袋身	紙型	1 片
拉鍊口布	紙型	2 片
側邊雙口袋	紙型	2 片
前片袋蓋	紙型	1 片
側底	紙型	1 片
雙口袋袋蓋	紙型	2 片
前片大口袋	紙型	1 片
前雙口袋	紙型	2 片
後袋身	紙型	1 片
袋蓋口袋布	28×19cm	1 片

舖棉

| 肩帶 | 紙型 | 2 片 |

燙襯說明：

1. 前袋身、後袋身，先燙一層無縫份厚襯，再燙一層有縫份厚襯（加強挺度）。
2. 側底，先燙一層無縫份輕挺襯，再燙一層有縫份厚襯。
3. 其餘表布（素帆布、花色布），皆燙有縫份的厚襯。
4. 所有內裡布，皆燙薄布襯。

其他配件：（3號）雙開塑鋼拉鍊60cm×1條（頭尾可拔除2-3齒，比較好車縫，或是使用碼裝拉鍊）、15cm塑鋼拉鍊1條、雙孔繩子調節器2個、3cm目型環2個、33cm側邊口袋用棉繩2條（直徑約0.5-0.7cm皆可）、3cm寬織帶80cm長2條、30cm長2條、15mm雞眼釦4個、3.5cm寬滾邊條154.5cm長2條（袋身出芽邊用）、0.5cm寬棉繩145.5cm長2條（袋身出芽邊用）、5cm寬內裡滾邊154.5cm長2條、真皮搭扣1組、1.5cm四合扣2組、奇異襯。

※ 以上紙型未含縫份，數字尺寸已含縫份。

Profile

黃碧燕（Anna Huang）

喜歡手作，喜歡拍照，喜歡寫字。
喜歡好好生活。
喜歡自己喜歡的，所有一切。
粉絲頁：https://www.facebook.com/zakka.goodtimes/

★袋蓋製作

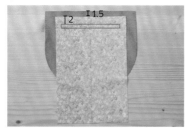

| 取袋蓋口袋布距離前片袋蓋上緣 1.5cm 處正面相對，袋蓋口袋布上緣往下 2cm 畫出長 18.5×1cm 的長方框。

2 針距調密，沿著長方框車縫一圈，並在中心畫線，左右畫成 Y 字型，再沿著畫線剪開。

3 將口袋布往洞口內翻，整燙好。取 6 吋拉鍊對齊洞口下，沿外框 0.2cm 壓線一圈。

5 將舖棉修剪乾淨。

6 翻回正面，整燙後壓ㄇ型裝飾線。

7 取 3cm 目型扣環，如圖穿過 30cm 的織帶，頭尾內折，固定於肩帶上。（固定間距請參考紙型標示）

8 側邊三角片製作：取 80cm 織帶，放入對折的側邊三角片內，車縫一道固定。（可多迴車兩次更牢固）

9 翻回正面，如圖壓裝飾線，完成備用。

★前置作業

裡袋身製作：前片、後片內裡布，自由創作內袋，備用。

2 手提把製作：手提把花布正面相對車縫，縫份燙開，翻回正面整燙。左右壓裝飾線，完成兩條備用。

3 肩帶製作：素帆布在下，與花布正面相對，上方放上舖棉。

4 車縫兩長邊和一短邊（ㄇ型）。

11 由返口翻回正面,整燙,壓線裝飾,縫合上端返口。(完成兩片袋蓋備用)

12 取表裡前雙口袋布,畫上返口記號。再將表裡正面相對,除返口外,車縫一圈。

3cm 3cm

13 翻回正面整燙後,口袋左右各畫距離 3cm 直線,沿線對折壓 0.2cm 裝飾線。

14 翻到背面,車好的內裡樣子,完成兩片備用。

7 取前袋蓋內裡布,與前袋蓋正面相對,車縫 U 字型。(上方不車縫,因要翻面)

8 弧度處剪間距 0.5-0.7cm 的牙口。

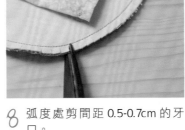

9 翻回正面,整燙,沿邊壓線裝飾,完成備用。

★前雙口袋製作

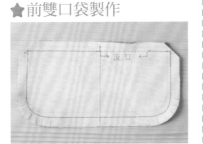

返口

10 取表裡雙口袋袋蓋正面相對車縫,上端需留返口,弧度處剪牙口。

4 翻到背面,將口袋布往上摺起並對齊,車縫ㄇ字型,即完成一字拉鍊口袋。
◎請注意:不要車到袋蓋布。

5 取奇異襯,燙好欲裝飾的圖案並剪下,撕開另一面的膠膜,再燙到素色帆布上。

6 圖案四周壓線裝飾固定。

23 前袋身內裡布（內口袋依需求製作）與表前袋身背面相對，周圍疏縫一圈固定。

19 右邊口袋做法同上，完成兩片口袋。

15 取表裡前片大口袋正面相對，車縫上緣，整燙後內裡壓線裝飾。（表布亦可壓線裝飾）

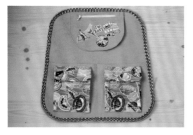

24 出芽滾邊（滾邊條夾車棉繩）沿邊車縫於表前袋身上。

★前袋身組合

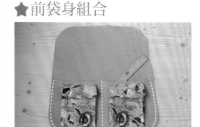

20 將製作好的前片大口袋，對齊在前袋身下方並疏縫，中心車縫壓線固定。

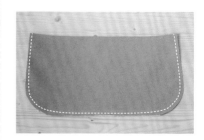

16 表裡對折疏縫固定。

25 取前手提把依紙型位置車縫在前袋身上方。◎注意：前片手提把會比後片短。

21 再將前袋蓋固定在前袋身上方中心位置。

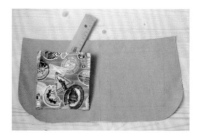

17 取完成的雙口袋，依紙型位置固定在前片大口袋上，先車縫左右兩道線，再車縫下緣固定。

★袋身外圍製作

26 將拉鍊擋布貼厚襯，車縫左右兩邊，翻回正面，整燙好再壓裝飾線。

22 將皮搭扣下片先縫在前片大口袋中心位置。（如先組合後再縫會比較難操作）

18 將前雙口袋袋蓋，依紙型位置車縫在口袋上方。

34 將表布與裡布正面相對，車縫上方，縫份倒向裡布壓線，再對折車縫下方翻，回正面整燙。

30 側底內裡布再與側底表布接合，如圖示形成夾車拉鍊口布的樣子。

27 先將拉鍊與表拉鍊口布正面相對車縫，再取內裡拉鍊口布夾車拉鍊，翻回正面壓線。

35 距上緣 2.5cm 處，車縫一道軌道線。將繩子穿入調節器，再穿入軌道內，左右兩邊固定。

31 翻回正面壓線，兩邊接合好的樣子。

36 將側邊口袋依紙型位置固定在側底上，先對齊好兩邊車縫，下方多餘份量往中間打摺再車縫，完成兩邊口袋。

32 將周圍對齊，疏縫固定側底表布與內裡布一圈。

28 另一邊拉鍊同作法車縫。再將拉鍊擋布車縫在拉鍊齒的兩端。

★後袋身製作

★側邊雙口袋製作

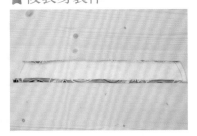

37 取後裝飾片上下內摺 1cm，整燙備用。

33 表側邊雙口袋依紙型位置釘上 15mm 雞眼釦 2 個。

29 取側底表布與拉鍊口布兩邊接縫，翻回正面壓線，形成一個大圓圈。

45 袋身翻回正面並整燙，縫上前袋蓋的皮搭扣。

46 前雙口袋釘上四合釦。

47 完成。

42 三角片的織帶，如圖示穿過肩帶的目型環。

43 尾端內摺包邊並車縫固定。後袋身周圍車縫出芽滾邊一圈，並將裡袋身背面相對固定在後袋身上。

★袋身組合

44 將前後袋身分別與側底正面相對，對齊（合點）車縫一圈，再車縫或手縫滾邊一圈。

38 後手提把依紙型位置車縫固定在後袋身上。

39 側邊三角片依紙型位置固定在後袋身左右邊。

40 將完成的 2 條肩帶固定在後袋身上。

41 將後裝飾片覆蓋在肩帶上，上下壓 0.2cm 裝飾線。

男用特企

傳遞心意手作禮

將滿滿的心意與感謝之情融入手作中，
送給最重要的他。

紳士格調筆電包

外觀精美有品味的筆電包,是每個有事業心的男人所必需的,帶上它能為你提升知性的男性魅力。派遣出差時也能固定在行李箱拉桿上,俐落輕便又時尚。

製作示範／古依立　編輯／Forig　成品攝影／蕭維剛

完成尺寸／長 36cm× 寬 5cm× 高 25cm

難易度／

Profile

古依立

就是喜歡！就是愛亂搞怪！雖然不是相關
科系畢業，一路從無師自通的手縫拼布到
臺灣喜佳的才藝副店長，就是憑著這股玩
樂的思維，非常認真地玩了將近 25 年的
光景，生活就是要開心為人生目標。
合著有：《機縫製造！型男專用手作包》、
《型男專用手作包 2：隨身有型男用包》

依葦縫紉館
新竹市東區新莊街 40 號 1 樓
(03)666-3739
FB 搜尋：古依立「型男專用手作包」

Materials

紙型 D 面

用布量：（表）帆布 2 尺、（裡）棉布 2 尺、網眼布 1 包。

裁布：

表布：帆布

F1 前／後袋身	紙型	2
F1 洋裁襯	紙型	2
F1-1 硬襯	紙型	2
F1-2 減壓棉	紙型	2
F2 拉鍊擋布	30cm×6.5cm	1
（厚布襯	28cm×5cm 置中整燙）	
F3 拉鍊口布	94cm×4cm	1
（厚布襯	92cm×3cm 置中整燙）	
F4 包繩布	140cm×3cm	2（斜布紋）
F5 後口袋表布	38cm×23.5cm	1

裡布：棉布

B1 前／後裡袋身	紙型	2
F1 洋裁襯	紙型	2
F1-1 硬襯	紙型	2
B2 拉鍊擋布	30cm×6.5cm	1
（厚布襯	28cm×5cm 置中整燙）	
B3 拉鍊口布	94cm×4cm	1
（厚布襯	92cm×3cm 置中整燙）	
B4 側擋布	3.5cm×16cm	2
B5 下擋布	38cm×4cm	1

B6 筆電擋布	34cm×48cm	1
（洋裁襯	34cm×24cm	1）
（美國棉	30cm×22cm	1）
B7 後口袋裡布	38cm×19.5cm	1
（厚布襯	36cm×18cm 置中整燙）	

網眼布

裡拉鍊口袋	40cm×16cm	1
裡隔層口袋	65cm×30cm	1

其它配件：

94cm ＃8 金屬（碼裝）雙向拉鍊 1 條、
35cm ＃5 金屬雙向拉鍊 1 條、15cm ＃3 拉
鍊 2 條、3.8cm 織帶 4 尺、魔鬼氈 1 尺、細
棉繩 10 尺、2cm 人字帶 10 尺、2.2cm 包邊
帶 55cm 長 1 條、1.7cm 鬆緊帶 38cm 長 1
條、10cm 鬆緊帶 5cm 長 4 條、皮標 1 組、
連接皮片 5 片、1.5cm D 型環 2 個、8×8mm
雙面鉚釘 9 組、15mm 壓釦 1 組、3cm 織帶
30m 長 2 條、斜背帶 1 組。

※ 以上紙型及尺寸皆已含縫份。

09 將筆電擋布疊於裡袋身上方，三周疏縫，修剪兩側多餘的鬆緊帶。

製作裡袋身口袋

10 將 2.2cm 包邊帶置於網眼布裡隔層口袋中心線，車縫上方 0.2cm 壓線。

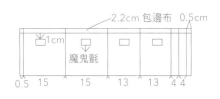

11 網眼布於背面對折三周疏縫，依圖示位置畫出口袋記號線，並於包邊帶下 1cm 車縫上 4cm 魔鬼氈（毛面）。

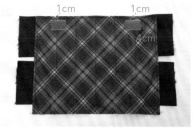

05 翻回正面三周壓線 0.5cm，中間間距 5cm 壓線。

06 依圖示位置（左右側各進 4cm，由上往下 1cm）車縫 4cm 魔鬼氈（毛面）一圈。

07 取 3.8cm 織帶剪 2 段 16cm 長，一端先反折 1.5cm 再車上 4cm 魔鬼氈（刺面）。

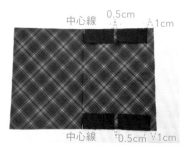

08 固定於 B1 裡袋身，依圖示位置（兩側分別進 7.5cm，由上往下 10cm）車縫 7cm 長方型固定線。

製作裡袋身筆電擋布

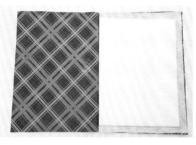

01 前／後裡袋身背面依序燙上硬襯及洋裁襯。

02 取 B6 電腦擋布背面依序燙上硬襯及洋裁襯。

03 在 B6 燙襯正面的兩側分別固定 10cm 寬的鬆緊帶 2 片（依圖示位置擺放）。

04 正面相對，對折車縫兩側 1cm 固定。

20 將網眼布底部翻起反折與拉鍊邊對齊，車縫三周縫份 0.7cm，脇邊需留 4cm 返口。

21 由返口翻回正面，拉鍊處壓線 0.2cm 固定。

22 網眼布口袋上方依圖示畫出拉鍊位置及中心記號線。

23 將 15cm 拉鍊背面朝上對齊記號線車縫 0.5cm。

24 網眼布往下翻中心線與裡布中心記號線對齊車縫固定。

16 將網眼布底部多餘布料往兩側倒開並疏縫固定。

17 B4 側擋布與網眼布側邊正面相對車縫 0.5cm，翻回正面壓線 0.5cm，另一側作法相同。

18 取 B5 下擋布，車縫在網眼布下方，作法同 B4，底部疏縫後剪去多餘布料。

19 將 15cm 拉鍊 2 條與網眼布裡拉鍊口袋上方正面相對，布邊對齊，尾檔對齊脇邊進 1cm 處。

12 將 2.2cm 的包邊帶下方車縫 0.1cm，再把 1.2cm 鬆緊帶（38cm 長）由脇邊置入，兩側疏縫固定。

13 取 3.8cm 織帶剪 4 段 13cm 長，一側反折 1.5cm 再車上 4cm 魔鬼氈（刺面），再依圖示位置車縫在 B1 裡袋身上。

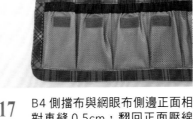

14 再依圖示位置畫出口袋車縫記號線。

15 將網眼布擺放在裡袋身上，並將口袋記號線對齊好車縫。

33 由脇邊翻回正面整燙，拉鍊邊壓線 0.2cm，袋口處壓線 2cm，並於中心點下 1.5cm 打上壓釦底座，連接片一側打上壓釦蓋。

34 將後口袋背面朝上，拉鍊邊固定於 F1 後袋身底部上 6cm 處，車縫 0.5cm。將連接片背面朝上以雙面鉚釘固定於表袋身袋口中心下 5.5cm。

35 將口袋翻回正面與後袋身兩側疏縫固定。

36 前袋身依圖示位置固定皮標。（8cm，底上 6cm）

29 翻回正面整燙，壓線 0.5cm，再將兩側疏縫固定。

製作前／後袋身

30 將 F1 表袋身於布料背面依序燙上硬襯及洋裁襯。

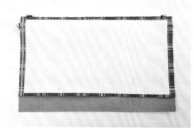

31 取 F5 與 B7 後口袋表／裡布正面相對，夾車 35cm ＃ 5 金屬雙頭拉鍊，縫份 0.7cm。

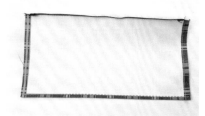

32 另一側布邊對齊下方車縫 0.7cm 固定。

25 將多餘布料倒向中心線，三周車縫 0.2cm 固定。

製作拉鍊口布

26 取 F3 與 B3 拉鍊口布表／裡布正面相對，夾車 94cm ＃ 8 金屬雙頭拉鍊，縫份 0.5cm。

27 翻回正面整燙好，壓線 0.2cm。

28 再取 F2 與 B2 拉鍊擋布表／裡布正面相對，夾車拉鍊口布兩端，縫份 1cm。

44 連接皮片套入 D 型環對折，以雙面鉚釘固定於袋身左上方脇邊進 2.5cm 處。

45 同上作法完成後袋身接合。

46 翻回正面，整理好袋型即完成。

41 前袋身表布與筆電擋布裡布背面相對並將減壓棉置於中間，將四周先行疏縫。

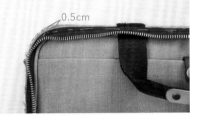

42 再與拉鍊口布正面相對四周中心點對齊，拉鍊布需內縮 0.5cm，車縫固定縫份 1cm。

43 取 2cm 人字帶先對折整燙，並包覆布邊車縫固定。

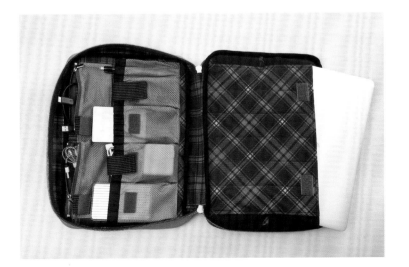

製作手提把

37 取 3.2cm 織帶 30cm 長，中心往左右各 5cm，於背面對折車縫固定。織帶中心打上皮革連接皮片，共完成 2 條。

組合袋身

38 先將包繩布與袋身布邊對齊疏縫一圈。

39 細棉繩置入包繩布後對折疏縫固定，完成前／後袋身。

40 手提把背面朝上疏縫於袋口中心兩側各 5cm 處。

海洋風平板雙拉鍊收納包

市面上的平板／筆電尺寸眾多，是不是很難找到適合自己 3C 產品大小
的收納包呢？沒關係！此次有教你打版製作，克服尺寸問題，就算有
包保護殼也可以丈量出適當的大小喔！

製作示範／胖咪・吳珮琳 編輯／Forig 成品攝影／詹建華
完成尺寸／（7.9 吋平板）寬 22cm× 高 15cm× 底寬 4cm
（13 吋筆電）寬 36cm× 高 26cm× 底寬 5cm
難易度／ ► ► ► ►

※ 此為示範包 2：13 吋筆電

Profile

胖咪 · 吳珮琳

熱愛手作，從為孩子製作的第一件衣物開始，便深陷手作的美好而不可自拔。

2010 年開始於部落格分享毛線、布作、及一些生活育兒樂事，也開始專職手工布包的客製訂作。

2012 年起不定期受邀為《玩布生活雜誌》製作示範教學。

2015 年與 kanmie 合著《城市悠遊行動後背包》一書。

Xuite 日誌：萱萱彤樂會。胖咪愛手作
FB 搜尋：吳珮琳

※ 此為示範包 1：7.9 吋平板

Materials

紙型 C 面

部位名稱	尺寸	數量	燙襯參考	備註
袋身布	①↔ 27cm×↕34cm 7.9 吋平板適用之尺寸 或者： ①↔ 41cm×↕58cm 13 吋筆電適用之尺寸	表：2 （帆布與棉麻布各 1） 裡：2	棉麻布燙厚襯	鋪棉布
袋蓋布	紙型 A	表：1		
		裡：1	棉麻布燙厚襯	縫份不燙襯
名片口袋	紙型 B ＊不需加縫份 適用於版子較大型的包，如筆電包，可讓視覺比例更完美。	1		厚度約 2mm之合成皮片

其他配件：

碼裝拉鍊（請依自行打版之長度去計算 2 條，拉頭 2 個）、19cm 長之皮磁扣 1 組、皮標或布標 1-2 片、鉚釘數組。

如需肩背／斜背使用請準備：

D 型環 2 個、配合 D 型環大小之皮片 2 片、背帶 1 條。

※ 以上紙型未含縫份、數字尺寸已含 1cm 縫份。

02 由返口翻回正面，連返口一起壓線車合一圈，再於適當位置釘上皮標。

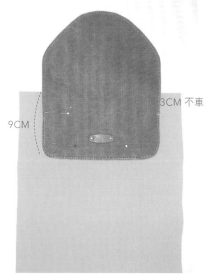

9CM   3CM 不車

03 將袋蓋置中放於帆布表①上緣，如圖距離依 U 型線條車縫固定。
※ 之後會稱有袋蓋的這一半邊為正面，而另一半面則為背面。

中線／底部

04 找出棉麻布表①的中線（也就是整個包的底部），如圖示與中線保持一段距離後釘上皮標。
※ 之後會稱有皮標的這一半邊為正面，而另一半面則為背面。

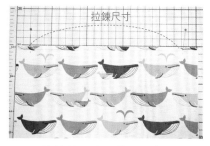

拉鍊尺寸

04 拉鍊的量法：將最後算出的寬度，左右各減 2cm 即為拉鍊的尺寸。
示範包 1：最後寬度 27cm-4cm ＝ 23cm，其代表拉鍊齒要有 23cm，拉鍊的頭尾布則是至少要有 1.5cm。您的碼裝拉鍊裁下 26cm 後，頭尾各拔去 1.5cm 的齒就可以使用了。

05 如果沒有使用拉鍊上下止也沒關係，在拉鍊齒的尾端，用手縫方式纏繞幾圈固定，即可作為下止使用，而拉鍊頭的布會折入縫起，所以不需要上止。

製作袋蓋

返口

01 取袋蓋布 A 表裡正面相對，下方留返口，其餘車合。
◎請注意：車合時，下針位於縫份旁約 0.1cm 處，這樣翻正時會比較好翻。

製圖打版

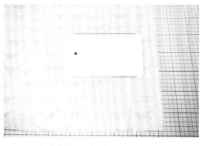

01 布料的下方留白後，將平板置於上方位置。
◎請注意：平常有使用簡易保護殼的，要套著一起量喔！

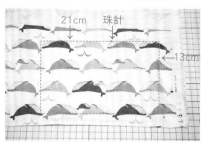

21cm 珠針

13cm

02 下方的布往上摺，將平板包覆住，用珠針沿著平板固定一圈，此時還不用留鬆份，靠著平板固定就好。在有珠針的地方畫上記號線條，取出平板後，再拿尺量出此長方尺寸是多少？目前量出示範 7.9 吋平板之初始尺寸為寬 21cm× 高 13cm。
◎請注意：因厚度關係，平板未取出前就丈量會不準確喔！

27CM

34CM

↑ 摺雙／袋底

03 計算裁片①大小：加上鬆份與縫份後，得出公式，寬＝（X+6）、高＝（Y+4）×2。
示範包 1：量出 7.9 吋平板之初始尺寸為寬 21cm× 高 13cm，此時 X ＝ 21、Y ＝ 13，所以算出裁片尺寸為①↔27cm×↕34cm。
示範包 2：13 吋筆電則是初始尺寸為寬 35cm× 高 25cm，代入公式後，得到最後尺寸為①↔ 41cm×↕58cm，以此類推。

12 再翻到背面，左右兩側邊先舖平，用珠針大致固定好。

預留返口處不用別珠針

13 袋底的部份往上摺大約 0.7～1cm 後，連兩側邊一起車合起來。
◎請注意：在交界處的縫份要倒向表布。

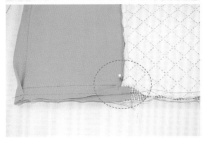

14 裡布的袋底部份也是往上摺，由於是較厚的舖棉布，所以摺的時候可以比表布多摺一點，並在一側邊留返口，其餘車合。
◎請注意：返口若是留在靠拉鍊尾的那一邊，最後的成品會比較美觀。

返口
舖棉布比較厚可以多摺一點

08 翻回正面後壓線，壓線長度與拉鍊齒一樣長即可，不能從頭壓到尾。

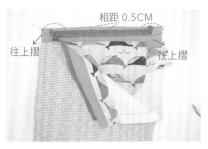

相距 0.5CM
往上摺　　　往上摺

09 再將另一側拉鍊，與另一邊帆布表①正面相對，中點對齊，上緣與拉鍊如圖相距 0.5cm，拉鍊頭尾布往上摺好，疏縫起來。

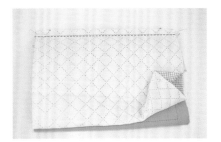

10 裡①的另一邊與之正面相對，上緣車合起來。

11 翻回正面後壓線，壓線長度與拉鍊齒一樣長即可，不能從頭壓到尾。

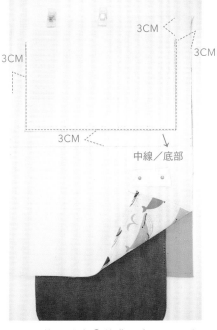

3CM
3CM
3CM
3CM
中線／底部

05 將二片表①的背面部份正面相對，如圖各留 3cm 的距離，以ㄩ型線條車合固定。

製作拉鍊袋身 1

相距 0.5CM
往上摺　　　往上摺

06 棉麻布表①往中心摺入，露出帆布表①之背面，取 1 條拉鍊與之正面相對，中點對齊，上緣與拉鍊如圖相距 0.5cm，拉鍊頭尾布往上摺好，疏縫起來。

07 取 1 片裡①與之正面相對，上緣車合起來。

拉鍊頭尾往上摺
相距 0.5CM

22 接著將另一側拉鍊,與另一邊棉麻布表①正面相對,中點對齊,上緣與拉鍊相距0.5cm,拉鍊頭尾布往上摺好,疏縫起來,再將裡①的另一邊與之正面相對,上緣車合起來。

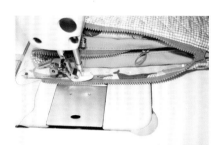

23 翻回正面後壓線,壓線長度與拉鍊齒一樣長即可,不能從頭壓到尾。

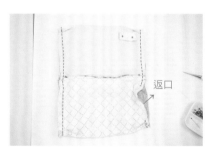

返口

24 再翻回背面,重覆步驟圖 12-18,完成另一個拉鍊袋身。

加強袋身及安裝皮扣

25 在兩個拉鍊袋身中間,找出步驟圖 3 之 U 型車縫線的兩個頂端,連同背面的表裡布一起用鉚釘加強固定。

製作拉鍊袋身 2

拉鍊頭尾往上摺
相距 0.5CM

19 也是重覆之前的步驟,取一條拉鍊與棉麻布表①正面相對,中點對齊,上緣與拉鍊相距0.5cm,拉鍊頭尾布往上摺好,疏縫起來。

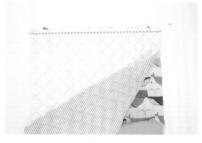

20 取 1 片裡①與之正面相對,上緣車合起來。

21 翻回正面後壓線,壓線長度與拉鍊齒一樣長即可,不能從頭壓到尾。

15 翻回正面後將拉鍊兩端的縫份打開順好,再於拉鍊頭那段補車剛才沒車縫的壓線。

16 拉出裡布,將返口處車合。

17 再順一次拉鍊尾端的縫份,可利用目打(錐子)將縮進去的布儘量頂出來。

18 撐開底部,會呈現如圖的樣子。此時已完成一個拉鍊袋身了。

4 皮片連同背面的表裡布一起用鉚釘固定起來。

5 勾上背帶即完成可背式的包包，也可以製作斜背帶勾上。

補充：13 吋筆電包

中線／底部

1 代替步驟圖 4，找出棉麻布表①的底部中線，如圖示將名片口袋合成皮，與中線保持一段距離後，以 U 型線條車合。
◎請注意：U 型車縫線的兩個頂端要預留 1cm 不車，以便釘上鉚釘加強固定。

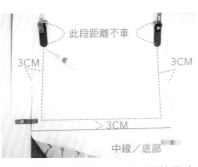

此段距離不車

3CM   3CM

3CM

中線／底部

2 補充步驟圖 5，以凵型線條車合固定前，先把套好 D 型環的皮片，如圖置於上方，車縫起迄點就設定在皮片下緣，也就是目打（錐子）指出的地方。

3 補充步驟圖 25，撥開二片袋身露出中間部份，放上 D 型環皮片，畫出打洞處。

26 釘好如圖示。

27 背蓋 U 型車縫線的兩個頂端，也用鉚釘連同表裡布一起釘合，加強固定。

28 找出袋蓋中心位置釘上長條皮磁扣，再於相對位置縫上另一側皮磁扣即完成。

置物示範圖

潑墨 iPad 手提包

外身以芥末黃棉布為主，加上潑墨樣式的提把，
打開後看到的是具復古感的摩托車圖案布，
將手作包與街頭元素完美融合，讓你提的包就是不一樣！

製作示範／NIKI　編輯／Joe　成品攝影／詹建華

完成尺寸／寬 26.5cm× 高 19cm× 底寬 4.5cm

難易度／▶▶▶

Profile

NIKI

台灣女孩，因為對拼布的熱愛毅然飛往日本，隻身在異國展開多年的學習。 目前已取得多項證照，2016 年終於圓夢成立自己的工作室，但這只是夢想的第一步，仍舊不斷進修深造中。
日本手藝普及協會 手縫 / 機縫指導員

手作森林
handmori 的 mori，是日文「森林」的意思。 以清水模工法打造自然簡約的工作室風格，二樓的空中庭園，是工作室形象的櫻花樹。
服務
手作森林提供專業證書授課班和多種類型手作課程，均採小班制教學，不定期舉辦作品展覽交流；工作室內的布料、材料、工具、文具和各式生活雜貨小物，都是 NIKI 用心挑選並親自從日本帶回；另外還有販售甜點、輕食和飲品的小小咖啡廳。

Materials

用布量：表布 60×110cm、裡布 30×60cm

表布

袋身	29×22cm	2 片
內口袋	26×29cm	1 片
拉鍊口布	32×4cm	4 片
側底布	66×7cm	2 片

裡布

袋身	29×22cm	2 片

其他配件：人字織 200cm、30cm 拉鍊 1 條、30cm 提把 2 條、英文字布標 1 片。

※ 以上數字尺寸皆含縫份。

09 將口袋布與裡布接合，在中心車縫一道分隔線，內口袋完成。

05 提把固定完成。

製作表袋身

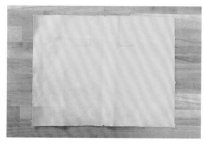

01 裁下袋身表布兩片。

製作側身

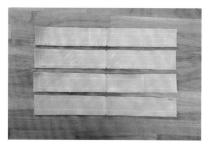

10 取拉鍊口布 4 片。

製作裡袋身

06 裁下袋身裡布兩片後鋪棉壓線。

02 準備提把兩條。

11 與拉鍊兩側正對正夾車，車好後翻至正面壓固定線，兩側皆同。

07 裡布壓線完成圖。

03 將提把如圖示位置固定於表布上。

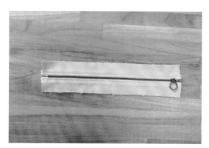

12 拉鍊部分完成後如圖。

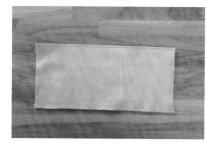

08 口袋布對折後在正面上方壓一道固定線。

04 把尾端內折 1cm 車縫於表布上。

22 將人字織沿四周包邊固定，車縫一圈，兩面皆相同作法。

23 兩面都包邊完成後，翻回正面。

24 翻回正面後的樣子。

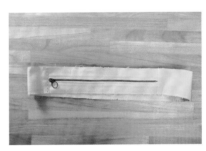

25 取一塊布標車縫於袋身正面的右下角。

26 完成。

17 取一塊疏縫好的布面與側底布（步驟15）固定後車縫一圈。

18 縫好一面的樣子。

19 另一面也同樣接合車縫。

20 袋身接合完成。

21 取一段人字織。

13 裁下側底布兩片。

14 將完成後的拉鍊口布與側底布接合，先接合一側後在表布壓一道固定線，再接合另一側。

15 側底布與拉鍊口布接合完成圖。

組合袋身與包邊

16 將表布與裡布背面相對，四周疏縫一圈。

時尚領帶 & 紳士帽禮物組

在值得紀念的父親節，送給家中帥氣父子檔特別的手作禮。
運用先染布本有的特殊織紋，搭配花朵和珠子作裝飾，
讓平常的領帶和帽子看起來更加亮眼。

Profile

潔咪和蜜拉

剛開始只想到請蜜拉娘為潔咪的小女兒做衣服而已，沒想到讓這一家人玩出興趣，潔咪負責配色、選布和設計，蜜拉娘則是將不可能變成可能的魔法裁縫師，至於小女兒，就很開心當一個漂亮的公主，每天有穿不完的新衣，提不完的包包，真令人羨慕啊！！

網路店舖：
www.shop2000.com.tw/jamieandmela
臉書：
www.facebook.com/ jamieandmela

Materials   紙型 D 面

用布量：
（紳士帽）表布 1.5 尺，裡布 1.5 尺、（領帶）表布 2~3 尺，斜布方向剪裁。

紳士帽

帽葉 A	依紙型	表布、裡布正反各 1 片	（加一般布襯）
帽葉 B	依紙型	表布、裡布各 6 片	（加一般布襯）
帽舌	依紙型	表布 2 片	（加硬布襯）

領帶	依紙型	4 片	（加洋裁襯）

其他配件：
紳士帽 - 裝飾鈕扣（帽頂）、領帶 - 花瓣和珠子。

※ 紙型已含縫份 0.5cm。
※ 底部的表、裡布都有立體腳記號，要記得車立體腳。

製作紳士帽

11　依記號將帽舌大針或別針固定縫合。

06　將縫份熨開。

01　依照版型剪裁表布並貼襯。

12　縫合帽舌與帽葉。

07　裡布也是相同作法。

02　將帽葉 A 表布 2 片正面相對車縫前中心線。

13　將表布與裡布的布面相對後縫合，預留一返口。

08　接著將帽舌的表布對表布，車縫外圍弧形。

03　示範如圖。

14　從返口翻至正面。

09　如圖所示，可修小縫份再翻面整燙。

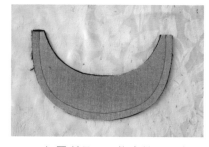

04　依版型裁下帽葉 B 表布 6 片，可以各自先車縫 2 片。

15　整燙好後，於帽底 0.2cm 處壓線，即完成。

10　接著整個在 0.2cm 處壓線。

05　再縫合成一圓，請注意版型標示的方向。

09　再將整條領帶布面對布面對折，縫合。

10　熨開縫份，翻面。

11　用尺量好等邊距離，熨燙定型。

12　完成。

05　將前尾端單獨三角片用雙面膠襯或是白膠熨燙固定在長條上。

06　再車縫 0.3cm 固定。

07　將前後端片中間縫合。

08　熨開縫份。

01　示範款式是將兩款布料重疊結合。

02　依照版型以斜布方式裁剪。

03　將大小三角往裡熨燙 0.5cm 縫份。

04　總共 4 個三角形，尾端小，前端大。

晴日松樹林兩用包
Pine Bag

Profile Indarwati Ayaran

Indarwati Ayaran 不單是印尼著名的作家，更是著名的手作老師。她開辦自己的縫紉教室 Ayaran Sew N Shop，並自 2005 年起開始了她的寫作生涯，印尼無論大或小的出版社都出版了許多她寫的書籍。她早期的作品是以寫小說為主，最近她專注於手藝並出版了不少有關手作書籍，其中最著名的是 Tas Handmake Dari A to Z。Indar 自 2008 年起製作了很多手作作品，這包括了娃娃、拼布、大包和小包。現在，Indar 在自己位於印尼爪哇 Depok 的 Tanah Baru 縫紉教室當縫紉教師，親自教導學生手作技巧，特別是縫紉技巧。除此之外，她還在網站上和市場販售各種不同的布品、配件等材料。

Indarwati Ayaran is a writer, crafter, and the owner of Ayaran Sew N Shop. Start writing since 2005, many books have been published by major and minor publisher in Indonesia. Novels and other genre were her early works. Lately, she focuses on craft books. Her outstanding book of craft especially bag making is Tas Handmade Dari A ke Z. Making handmade stuffs since 2008; Dolls, patchwork, bags, and pouches. Indar now focuses on selling material such as fabric, accessories, etc on social media and market place. She also teaching crafts especially sewing craft in Ayaran's workshop, at Tanah Baru, Depok, West Java, Indonesia.

Website: http://ayaransewnshop.com/

FB: https://www.facebook.com/ayaran.craft

Instagram: https://www.instagram.com/ayaransewnshop/

示範／Indarwati Ayaran　翻譯／桂菱蔚　編輯／Vivi

完成尺寸／寬W38cm×高H42cm×底寬D12cm　難易度／✷✷✷

Materials 紙型 Ⓐ面

用布量 FABRIC & 裁布 CUTTING：

1. 表布 Fabric A
F1 前／後袋身 42×54cm 2 片，並依紙型裁剪。
F2 前口袋表布 28×54cm 1 片，並依紙型裁剪。
F3 前拉鍊口袋貼邊（下）24×49cm 1 片，並依紙型裁剪。
F4 前拉鍊口袋貼邊（上）6×44cm 1 片，並依紙型裁剪。
Main body outer 42×54cm（2x）
Front body outer 28×54cm（1x）
Front body lining down 24×49cm（1x）
Front body lining up 6×44cm（1x）

2. 裡布 Fabric B
B1 前／後袋身 42×54cm 2 片，並依紙型裁剪。
B2 口袋布 28×40cm 1 片。
Main body lining 42×54cm（2x）
Pocket 28×40cm（1x）

其他配件 Accessories：
合成皮製提把、斜背帶、袋口蓋 1 組　1 set of ready-made flap and handles
#5 塑鋼拉鍊 38cm 1 條　Zipper no.5 coil 38cm（1x）
#5 塑鋼拉鍊 30cm 1 條　Zipper no.5 coil 30cm（1x）
拉鍊頭 2 個　Zipper slider 2 pcs
拉鍊止片 1 個　Stopper zipper 1 pc
塑膠繩 110cm 1 條　Piping cord 110cm（1x）

3. 配色布 Fabric C
F5 袋底 51×12cm 2 片，並依紙型裁剪。
F6 包繩布條（斜布條）3×120cm 1 片。
Base 51×12cm（2x）
Piping fabric 3×120cm（1x）

4. 厚布襯 Heavyweight interlining
F1 前／後袋身 42×54cm 2 片，並依紙型裁剪。
F2 前口袋表布 28×54cm 1 片，並依紙型裁剪。
F3 前口袋拉鍊貼邊（下）24×49cm 1 片，並依紙型裁剪。
F4 前口袋拉鍊貼邊（上）6×44cm 1 片，並依紙型裁剪。
Main body outer 42×54cm（2x）
Front body outer 28×54cm（1x）
Front body lining down 24×49cm（1x）
Front body lining up 6×44cm（1x）

5. 單膠棉襯 Sponge eva
F5 袋底 49×10cm 1 片，並依紙型裁剪。
Base 49×10cm（1x）

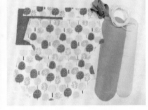

9 貼上 30cm 拉鍊,拉鍊頭朝向縫份。
Put 30cm zipper onto it. Zipper slider face the seam.

10 車縫拉鍊二側。
Stitch 2 sides of the zipper.

11 用拆線器將縫份拆開。
Open the seam by seam ripper.

12 翻回正面,將拉鍊頭拉出來。
Put the slider out. Stitch two ends of zipper opening to secure slider from sliding out.

4 將 F6 布條末端車縫於袋底。
Baste the unstitched piping to the base.

5 把單膠棉襯貼於袋底。
Glue sponge eva to the base.

6 F3 及 F4 正面相對,將 B2 口袋布置於上方。
With front body lining down and front body lining up right sides together, put pocket onto it.

7 車縫固定。
Stitch all along the side.

8 將縫份打開。
Press the seam open.

將 F1、F2、F3、F4 與厚布襯先行整燙。
Iron materials with heavyweight interfacing.

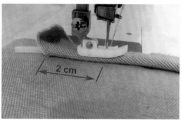

2 將 F6 包繩布條與一片 F5 袋底正對正對齊於右側。放入塑膠空心繩,覆蓋 F6 布條疏縫。從 F6 上方下 2cm 處開始車縫。
Lay the piping fabric onto right side of base. Cover the piping cord with the piping fabric using zipper foot. Start sewing 2 cm from edge of the fabric.

3 F6 布條頭尾末端重疊 ½",並擺放同 45° 角車縫。調整多餘的塑料空心繩。
Sew the 2 ends of piping fabric together with raw edges overlapping ½" at 45 degrees angle. Adjust the rest of the piping.

20 將 B1 後袋身與 B1 前袋身正面相對夾車拉鍊，另一端並翻回正面壓線（參考步驟 18）

With two main body linings right sides together, sticth along upper edge. Repeat step 18 to second side of zipper.

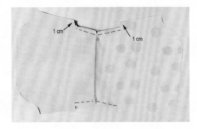

21 將 F1 前 / 後袋身及 B1 前 / 後袋身分開擺放（如圖示）。按照圖示的記號線車縫袋身左右兩側，預留 1cm 的縫份不車縫。

Flip wrong side out. With right side of linings together and right side of main body together, stitch as marked. Leave 1 cm for seam allowance.

22 袋身翻回正面。
Flip the right side out.

17 將 B1 前袋身與 F1 前袋身正對正夾車拉鍊。

Lay main body lining onto the panel. With main body and main body lining right sides together, stitch along the raw edge.

18 翻回正面，壓線 0.3cm。
Flip right side out. With the main body dan main body lining wrong sides together, topstitch 3 mm from the stitched edge. Start and ending Stitches are 1cm（for seam allowance）.

19 取 F1 後袋身同步驟 14 至步驟 16 與拉鍊另一端車縫。

Repeat step 14 to the other side of zipper.

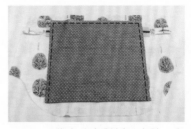

13 B2 口袋布往上對折，車縫ㄇ字型，避免車縫到袋身。

Fold over the pocket. Stitch all along the mark. Avoid stitching main body.

14 取 38cm 拉鍊置於 F1 前袋身上方。

Lay down the 38cm zipper onto main body outer. Right sides together. Stitch.

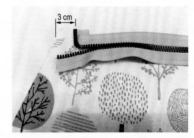

15 從前袋身 3cm 處開始車縫，拉鍊頭擋布需做收邊處理。

Start 3 cm from the edge of the panel.

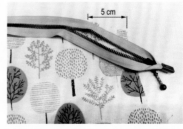

16 拉鍊車縫至止點（前袋身末端 5cm 不車縫）。

Put down the zipper 5 cm from the other edge of the panel.

29 將另一片貼有單膠棉襯的 F5 袋底與 F1 後袋身＋F2 前口袋表布車縫一圈。
Pin base outer with sponge eva to main body outer + front body outer. Stitch along.

30 將 B1 裡布前／後袋身的袋底車縫固定下半圈。
Base stitched.

31 F2 前口袋表布從袋口翻回正面，並讓 F2 與 F3／F4 背對背（裡袋身此時順勢被套入內部）。
Turn right side out through the opening（upper side of front body）.

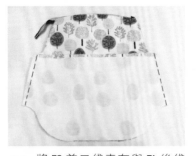

26 將 F2 前口袋表布與 F1 後袋身正對正對齊下方，並按照記號線車縫兩側。
Lay down the front body outer onto second panel of main body outer. With their right sides together, stitch along the side.

27 完成後，袋子將擁有 3 層：F1 前袋身＋F3／F4 前拉鍊口袋上下貼邊、B1 前裡袋身＋B1 後裡袋身、F1 後袋身＋F2 前口袋表布。
There are three panels: main body outer + front body lining, main body lining, main body outer + front body outer.

28 用珠針將一片 F5 袋底（無貼單膠棉襯）與 F1 前袋身＋F3／F4 前拉鍊口袋上下貼邊固定，車縫一圈。
Pin base lining into main body outer + front body lining. Stitch along.

23 將裡袋身夾起置於袋身上側。
Clip main body linings.

24 把在步驟 13 完成的前拉鍊口袋袋身正對正對齊於 F1 前袋身下方。口袋上貼邊向下折 1cm（如圖示），再將口袋與前袋身兩側按照圖示記號線車縫。
Lay front body lining (step 13) onto 1st main body outer. Fold over the edge of the lining. Stitch as marked.

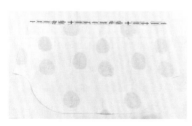

25 取 F2 前口袋表布並將其袋口處向下折 1cm（如圖示）。按照記號線車縫。
Fold over 1 cm raw edge of front body outer. Sticth as marked.

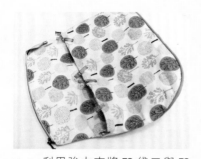

33 將合成皮製提把、斜背帶及
袋口蓋固定於袋身。完成。
Stitch the handles, connector, and
flap. Done.

32 利用強力夾將 F2 袋口與 F3
／F4 袋口對齊固定。正面壓
線 0.3cm。
Pin front body outer and front
body lining. Topsticth 3 mm from
the edge.

異國風情郵差包
Exotic Java-The Messenger Bag

創作概念：巴迪布（一種蠟染印花布，是 UNESCO ——聯合國教育、科學及文化組織指定的文化藝術遺產之一）和來自印尼爪哇種族傳統藝術文化代表的絲綢緹花布，是這次主題的首選布料，所選的布料與爪哇文化密不可分。緹花布自 16 世紀以來創立，是爪哇文物代表之一，它蘊藏著很深厚的哲學和擁有像海浪般無盡的戰鬥精神。這兩種布料的結合不但不會看起來很老氣，還可用於正式的場合上。在獨特的袋型之外，它還可分層收納，是個多功能的包款。這個包是在一個月內尋找靈感創造出來，當然少不了幾天的製作和幾杯咖啡。

Concept：Batik that famous as one of Unesco's cultural heritage become main composition of this beautiful thing. And Parang Motive coming from javanese cultural became my choice this time among lots of another Indonesian ethnic motive. Parang motive created since 16th Century has a deep philosophy as endless fighting spirit like sea waves.

I'm trying to combine this old motive with fresh-looking design, so it can be used in formal occasion without looking old-fashioned. Beside this unique design, it has a fully-functionality in keeping the things according to its kind.

This bag is created within a month of inspiration-seeking, a couple of days of crafting and cups of coffe.

示範／Nur Aminati Timur　翻譯／桂菱蔚　編輯／Vivi

完成尺寸／寬14”（35.56cm）×高10¼”（26.04cm）×底寬4½”（11.4cm）

難易度／＊＊＊

Profile　Nur Aminati Timur （Titi）

一個熱衷於包包創作的愛好者，熱切地希望不停創作出各種不同的包款。積極發掘印尼各種美麗的布料來做結合，並將布料製作成各種有文化特色的簡單包款。是一位堅持原創的設計者，也是一位百分百稱職的家庭主婦。

I am a Bag-Creative-Enthusiast, passionate in bringing new look of Bag. Strive hard to digging more and more Indonesian beauty of Fabric, then translate and strengthen it into simple bagcrafting. Just a contra-plagiarism minded. And of course a totally nice Housewife.

FB: https://www.facebook.com/nuraminatitimur

Materials　紙型 A 面

用布量 Fabric：

1. 3/4 碼巴迪棉布（F）　　　　　　　¾ yard Batik cotton fabric for exterior
2. 1.5 碼絲綢緹花布（B）　　　　　　1½ yards Dobby silk fabric for exterior and lining
3. 厚布襯 1 碼　　　　　　　　　　　1 yard fusible interfacing
4. 棉襯 1 碼　　　　　　　　　　　　1 yard fusible batting
5. 拉鍊 1 碼（碼裝拉鍊）　　　　　　1 yard zipper
6. 5cm 滾邊條 1 碼　　　　　　　　　1 yard of ½"-wide double-fold bias tape

其他配件 Accessories：

拉鍊頭 3 個（拉鍊口布 ×1、一字拉鍊口袋 ×2）　3 pieces zipper puller
拉鍊擋片 1 個　　　　　　　　　　　1 piece zipper stopper
鉚釘數個　　　　　　　　　　　　　several rivet sets
四合釦 2 組　　　　　　　　　　　　2 sets snap button
皮製斜背帶 1 組（含 D 型環皮片 2 個）　1 set adjustable PU leather handle
皮帶 1 條（加裝飾皮片 1 個）　　　　1 set short strap PU leather for outside flap

裁布 CUTTING：※ 除特別指定外，縫份均為 ½"（1.27cm）。※Use a ½" seam allowance unless otherwise directed.
（依紙型及尺寸外加縫份後裁布，但厚布襯及單膠棉襯皆依紙型裁剪。A ½" seam allowance is excluded on the patterns. Cut fusible interfacing and batting according to the patterns.）

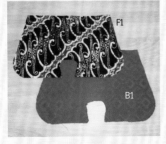

1 依紙型外加縫份裁 F1 外口袋蓋 1 片（厚布襯 1 片＋單膠棉 1 片）、B1 外口袋蓋 1 片。

Cut 1 piece batik cotton fabric for exterior of the outside flap.
Cut 1 piece dobby silk fabric for lining of the outside flap.
Cut 1 piece fusible interfacing.
Cut 1 piece fusible batting.
Ironing fusible interfacing and batting to the wrong side of Batik（exterior）fabric.

2 依紙型外加縫份裁 B2 內口袋蓋 2 片（厚布襯 1 片＋單膠棉 1 片）。

Cut 2 pieces dobby silk fabric for exterior and lining of inside flap.
Cut 1 piece fusible interfacing.
Cut 1 piece fusible batting.
Ironing fusible interfacing and batting to the wrong side of exterior fabric.

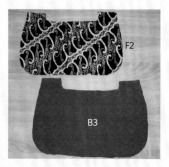

3 依紙型外加縫份裁 F2 前口袋 1 片（厚布襯 1 片）、B3 前口袋 1 片。

Cut 1 piece batik cotton fabric for exterior of the front pocket.
Cut 1 piece dobby silk fabric for lining of the front pocket.
Cut 1 piece fusible interfacing.
Ironing fusible interfacing to the wrong side of Batik（exterior）fabric.

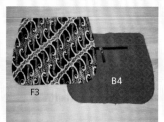

4 依紙型外加縫份裁 F3 後袋身 1 片（厚布襯 1 片＋單膠棉襯 1 片）、B4 後袋身 1 片（裁剪碼裝拉鍊自訂一字拉鍊口袋）。

Cut 1 piece batik cotton fabric for exterior of the back body.
Cut 1 piece dobby silk fabric for lining of the back body, attach a zipper pocket.
Cut 1 piece fusible interfacing.
Cut 1 piece fusible batting.
Ironing fusible interfacing and batting to the wrong side of exterior fabric.

5 依紙型外加縫份裁 B5 前袋身 2 片（厚布襯 1 片＋單膠棉襯 1 片），並於其中一片自訂一字拉鍊口袋（裁剪碼裝拉鍊）。

Cut 2 pieces dobby silk fabric for exterior and lining of the front body.
Cut 1 piece fusible interfacing.
Cut 1 piece fusible batting.
Ironing fusible interfacing and batting to the wrong side of exterior fabric. Attach a zipper pocket in the one of them for exterior fabric.

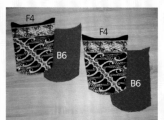

6 依紙型外加縫份裁 F4 左 / 右側身口袋 2 片（厚布襯 2 片）、B6 左 / 右側身口袋 2 片。
Cut 2 pieces batik cotton fabric for exterior of the side pocket.
Cut 2 pieces dobby silk fabric for lining of the side pocket.
Cut 2 pieces fusible interfacing.
Ironing fusible interfacing to the wrong side of Batik（exterior）fabric.

7 依紙型外加縫份裁 F5 袋底 1 片（厚布襯 1 片＋單膠棉襯 1 片）、B7 左 / 右側身 2 片（厚布襯＋單膠棉襯各 2 片）。依尺寸 4½"×31½"（11.43×80cm）外加縫份，裁 B8 袋底 1 片。

Cut 1 piece batik cotton fabric for exterior of the bottom gusset.
Cut 2 pieces dobby silk fabric for exterior of the side gusset.
Cut 1 piece dobby silk fabric size 4½"×31½"（seam allowance is excluded）for lining gusset.
Cut 3 pieces fusible interfacing. Cut 3 pieces fusible batting.
Ironing fusible interfacing and batting to the wrong side of exterior fabric.

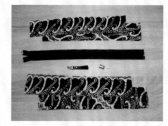

8 依尺寸 1½"×10½"（3.81×26.67cm）外加縫份，裁 F6 拉鍊口布 4 片。從碼裝拉鍊裁剪一條 15"（38.1cm）拉鍊，並準備 1 個拉鍊頭及 1 個拉鍊檔片。

Cut 4 pieces batik cotton fabric size 1½"x10½"（seam allowance is excluded）for zipper panels.
Cut 15" zipper. Prepare 1 piece zipper puller and 1 piece zipper stopper.

How To Make

7 將完成的內口袋蓋置於步驟 4 的前袋身上方中心對齊。並距上緣 ¾"（1.9cm）處車縫一道壓線。
Attach the inside flap on the assembled exterior front, ¾" from the top edge of the assembled exterior front. Stitch along the white line.

4 將已完成的步驟 2 前口袋置於 B5 前袋身（已完成一字拉鍊口袋）上方，布邊對齊三周車縫 1cm 固定。
Attach the front pocket on the front piece with a zipper pocket. Stitch along the red line, use 1 cm seam allowance.

1 將 F2 與 B3 前口袋正面相對，按照紅色記號線車縫。縫份處剪牙口。
Place the exterior front pocket on the lining front pocket, with the right sides together. Stitch along the red line. Notch the seam.

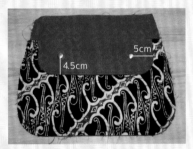

8 如圖示距離，取四合釦釘於內口袋和前口袋上。
Attach the snap buttons on the inside flap and the front pocket.

5 將兩片 B2 內口袋蓋正面相對，按照記號線車縫一圈，上方返口不車。修剪轉角縫份，弧度處剪牙口。
Place the exterior inside flap on the lining inside flap, with the right sides together.
Stitch along the black line. Notch the seam.

返口

2 翻回正面，沿著口袋四周車縫 1cm 一圈。
Turn the front pocket right side out. Topstitch around the front pocket, use 1 cm seam allowance.

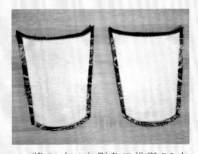

9 將 F4 左 / 右側身口袋與 B6 左 / 右側身口袋正面相對車縫袋口。縫份剪牙口。
Place the exterior side pockets on the lining side pockets, with the right sides together. Stitch along the top pockets. Notch the seam.

6 翻回正面，四周壓線 1cm。
Turn the inside flap right side out. Topstitch around the inside flap, use 1 cm seam allowance.

3 參照紙型 B5 前袋身（有燙厚布襯及單膠棉襯）拉鍊位置，取拉鍊車縫一字型口袋。
Prepare 1 piece dobby silk fabric for exterior of the front body with a zipper pocket.

16 將完成的前袋身與完成的側身正面相對，脇邊及底部對齊並車縫固定。轉彎處需剪牙口。
Pin the assembled exterior gusset to the assembled front body, with exterior right sides together. Center the exterior gusset along the bottom edge of the front body.
Sew the front and gusset together.

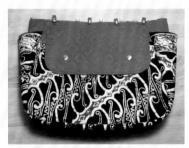

17 取 F3 後袋身與側身結合，如同步驟 16。完成後翻回正面。將另一片 B5 前袋身、B4 後袋身（開一字拉鍊口袋）與 B8 袋底以相同的步驟結合成裡袋身。完成的表／裡袋身背對背套合，袋口疏縫一圈。
Repeat steps 16 to attach the back piece to the gusset. Turn the bag right side out.
Repeat steps 16 to assemble the lining pieces. Tuck the lining into the exterior with wrong sides together.

13 完成 2 組側身並準備 F5 袋底。
Prepare 2 pieces the assembled of exterior side gusset and 1 piece the exterior bottom gusset.

14 取一片已完成的左側身底部與 F5 袋底左端正面相對車縫固定，並在縫份處剪牙口。
Place the assembled of exterior side gusset on the exterior bottom gusset, with the exterior right sides together. Stitch along the connection. Notch the seam.

15 以同樣的方式完成袋底的右端。完成後，袋底將與左右側身連結成一條長條狀。
Repeat step 14 to sew the other side gusset, so it's be long the assembled exterior gusset.

10 翻回正面，四周壓線 1cm。
Turn the pockets right side out. Topstitch around the side pockets, use 1 cm seam allowance.

11 準備 B7 左／右側身。
Prepare 2 pieces of the exterior side gusset.

12 將步驟 10 的側身口袋置於 B7 側身上方，脇邊及底部對齊，三周車縫 1cm 固定。
Place the side pockets on the right side exterior of the side gusset. Stitch along the white line, use 1 cm seam allowance.

24 將 D 型環套入皮片。在表袋側身中心以鉚釘釘上皮片。
Fold the leather taps to the top edge of side gusset. Pin it with double rivets.

25 取皮帶置於外口袋蓋中心上，並釘上鉚釘固定。
Place the short strap on the exterior outside flap. Make sure it on center position. Pin it with triple rivets.

26 將皮帶套入裝飾皮片。完成。
Insert the short strap into the strap lock. The bag is done.

21 利用裁布 8 的材料製作拉鍊口布。
Assembling the zipper panel.

22 將拉鍊口布中心點與裡袋身中心點對齊疏縫，另一側亦同。滾邊條翻至裡袋身，利用強力夾固定。
Tuck the assamble of zipper panel into the lining bag. Refold the bias tape, encasing the seam allowance and Pin it.

23 滾邊條壓線一圈。在外口袋蓋中心以鉚釘釘上裝飾皮片。
Topstitch close to the edge of the bias tape. Pin the strap lock with double rivets, on the center position.

18 將 F1 與 B1 外口袋蓋正面相對，按照記號線車縫三邊，袋口處不車。修剪轉角縫份，弧度處剪牙口。
Place the exterior outside flap on the lining outside flap with the right sides together. Stitch along the red line. Notch the seam.

19 完成的外口袋蓋翻回正面，四周壓線 1cm。將外口袋蓋與後袋身正面相對，中心布邊對齊並疏縫。
Turn the outside flap right side out. Top stitch around the outside flap, use 1 cm seam allowance. Place the outside flap on the top edge of the back side, with exterior right sides together.

20 B9 滾邊條（35"=88.9cm）接合成一圈並對折。一側的滾邊條與袋口正對正車縫一圈。
Unfold a 35" piece of bias tape and pin it, with the right sides together, to the top edge of the bag. Stitch 1 edge of the bias tape in place.

異國作品欣賞－印尼

這次 Cotton Life 和印尼手作者合作，帶領讀者們一起觀摩
不同國家的創作特色與風格，開拓更寬廣的手作視野。

創作者：Vanny Irawan
作品名：Heidy Bag

創作者：Debbi nurmahesa
作品名：Granny Bag

創作者：Claudi Stepantoro
作品名：Family Travel Wallet

CottonLife 玩布生活 No.25

讀者問卷調查

Q1.您覺得本期雜誌的整體感覺如何？　　□很好　　□還可以　　□有待改進

Q2.您覺得本期封面的設計感覺如何？　　□很好　　□還可以　　□有待改進

Q3.請問您喜歡本期封面的作品？　　　　□喜歡　　□不喜歡

原因：_____

Q4.本期雜誌中您最喜歡的單元有哪些？

□初學者專欄《桃花源小魚簍肩背包》 P.04

□季節篇《夏日悠游包》、《一片西瓜斜背包》 P.10

□刊頭特集「輕鬆外出隨行款」 P.21

□基礎打版教學《曲線打版入門應用篇（一）》 P.44

□輕洋裁入門課程《荷葉邊俏麗褲裙》 P.48

□童裝小教室《短版外套式上衣》 P.52

□旅遊專題「自在風尚旅行包」 P.57

□男用特企「傳遞心意手作禮」 P.85

□異國創作分享《晴日松樹林兩用包》、《異國風情郵差包》 P.106

Q5.刊頭特集「輕鬆外出隨行款」中，您最喜愛哪個作品？

原因：_____

Q6.旅遊專題「自在風尚旅行包」中，您最喜愛哪個作品？

原因：_____

Q7.男用特企「傳遞心意手作禮」中，您最喜愛哪個作品？

原因：_____

Q8.雜誌中您最喜歡的作品？請填寫1-2款。

原因：_____

Q9. 整體作品的教學示範覺得如何？　　□適中　　□簡單　　□太難

Q10.請問您購買玩布生活雜誌是？　　□第一次買　□每期必買　□偶爾才買

Q11.您從何處購得本刊物？　　□一般書店　　□超商　　□網路商店（博客來、金石堂、誠品、其他）

Q12.對粉絲團的影音教學有什麼建議或需要改進的地方？

Q13.感謝您購買玩布生活雜誌，請留下您對於我們未來內容的建議：

姓名 /	性別 / □女　□男	年齡 /　　歲
出生日期 /　　月　　日	職業 / □家管　□上班族　□學生　□其他	
手作經歷 / □半年以內　□一年以內　□三年以內　□三年以上　□無		
聯繫電話 / （H）　　　　　（O）　　　　　（手機）		
通訊地址 / 郵遞區號 □□□□□		
E-Mail /	部落格 /	

讀者回函抽好禮

活動辦法：請於2017年9月15日前將問卷回收（影印無效）填寫寄回本社，就有機會獲得以下超值好禮。獲獎名單將於官方FB粉絲團（http:// www.facebook.com/cottonlife.club）公佈，贈品將於10月統一寄出。※本活動只適用於台灣、澎湖、金門、馬祖地區。

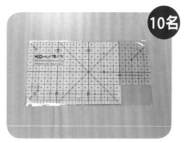

熨斗用止滑定規尺

點點裡布襯1尺

縫份記號圈4入

請貼5元郵票

Cotton Life 玩布生活

飛天手作興業有限公司　編輯部

235 新北市中和區中山路二段391-6號4F
讀者服務電話：（02）2222-2260

黏 貼 處

請沿此虛線剪下，對折黏貼寄回，謝謝！